지구가 너무도
사나운 날에는

지구가 너무도 사나운 날에는

초판 1쇄 펴낸날 | 2020년 12월 15일
초판 6쇄 펴낸날 | 2021년 12월 14일

지은이 | 가치를꿈꾸는과학교사모임
펴낸이 | 홍지연
총괄본부장 | 김영숙
편집장 | 고영완
편집 | 소이언 정아름 김선현 전희선 조어진 한지연
디자인 | 전나리 박태연
마케팅 | 강점원 최은 이희연
관리 | 정상희
인쇄 | 스크린그래픽

펴낸곳 | ㈜우리학교
등록 | 제313-2009-26호(2009년 1월 5일)
주소 | 03992 서울시 마포구 동교로23길 32 2층
전화 | 02-6012-6094
팩스 | 02-6012-6092
홈페이지 | www.woorischool.co.kr
이메일 | woorischool@naver.com

ISBN 979-11-90337-58-8 43400

위기의 지구를 위한 특별한 과학 수업

지구가 너무도
사나운 날에는

가치를꿈꾸는과학교사모임 지음

우리학교

| 서문 |

드넓은 우주에서 이 지구 위 오밀조밀 함께 존재하는 그 모든 '우리'를 위해

과학과 문명이 발달할수록 과학기술이 적용된 인류의 삶도 점점 복잡해졌다. 과학기술의 결과를 누리고 소비하는 것만으로도 우리 삶은 분주하여, 그 과정을 눈여겨보고 이해할 여유조차 없을 정도이다. 그런데 우리가 소비하는 것이 정말 과학기술의 결과 즉, 우리가 상품 또는 서비스라고 부르는 것들뿐일까?

우리 식탁에 매일 오르는 밥 한 공기만 봐도 진실을 알 수 있다. 쌀을 생산하기 위해 우리는 숲과 초원을 없애고 그곳을 터전으로 하는 많은 생명체를 몰아냈다. 아마 상당수는 사라졌고 살아남은 일부만 어딘가에서 어렵게 정착했을 것이다. 벼라는 식물이 우리에게 유용한 종자로 개량되면서 본래 가졌던 벼의 다양성도 감소했다. 쌀을 생산하기 위해 엄청난 물을 사용하고 있고, 토양이 가진 양분이 부족해지면 비료나 퇴비를 양껏 투입한다. 모를 심는 이앙기나 트랙터, 양수 펌프 같은 농기계를 움직이려고 화석연료를 사용하고, 더 많은 화석연료를 사용해 바다 건너 다른 나라에서 쌀을 실어 온다. 쌀뿐 아니라 대부분의 농산물이 비슷한 과정을 거친다. 이야기가 가공식품과 공산품으로 넘어

가면 그 과정은 더욱 복잡해진다. 우리가 누리는 편리함은 이렇듯 크고 깊은 흔적과 파장을 남긴다. 지구와 지구 위 모든 것들에게.

우리가 돈을 내고 쌀을 샀다고 해서 우리가 누리는 것에 대한 비용 전부를 지불한 게 아니라는 사실을 온 지구가 알려 주고 있다. 코로나19로 대표되는 각종 감염병과 폭우·홍수·산불 같은 여러 자연재해 등 우리가 겪고 있는 기후 변화의 징후들은 인간을 향한 지구의 메시지이다. 사실 메시지라는 말은 좀 고상하다. '아우성'이라고 해야 지구가 너무도 사나운 날의 절박함을 조금은 담아낼 수 있지 않을까?

지구가 위기에 처하는 데 깊이 관련되어 있는 것도 과학이지만, 지구가 보내는 절박한 메시지를 가장 먼저 알아차린 것도 과학이다. 메시지에 어떤 내용이 담겨 있는지, 우리가 왜 그 메시를 귀담아들어야 하는지, 다양한 메시지들이 서로 어떻게 연결되었는지 해석하는 것 또한 과학의 몫이다. 과학은 과정을 들여다보고 그 과정을 이루는 많은 요소들 사이에 주고받는 영향을 이야기한다. 과학의 이야기에 귀 기울이면, 인간도 그 요소들 중 하나라는 점이 선명해진다. 과학이 인간의 편리만을 위한 것이 아니라, 인간을 포함한 '우리'를 위한 것이어야 하는 이유이다. 여기서 '우리'는 인간만이 아닌, 과학이 들려주는 이야기에 포함된 모든 존재들이다. '우리'는 식물, 동물은 물론 눈에 보이지 않는 미생물을 포함한다. 더 나아가 대기와 바다, 토양과 빙하 등 무생물을 포함한다. '우리'는 지구와 지구 위에 존재하는 모든 것, 그리고 그 존재 사이의 수많은 상호작용 전부를 포함한다.

'우리'에 대해 알아야 '우리'를 위한 판단과 선택이 가능하다. 지구가 너무도 사나운 오늘날 '우리'가 직면한 문제들에는 공통점이 있다. 첫째, 대부분의 '우리'에게 발언권이 없다. 오죽하면 그들이 아우성을 칠까? 둘째, 문제의 원인이 단순하지 않아 그 해법이 복잡하다. 그래서 많은 이들이 함께 고민하고 결정해야 한다. 셋째, '우리'를 위해 '우리' 중 하나일 뿐인 인간이 변해야 한다. 어쩌면 가장 어려운 부분이다.

이 책은 '우리'에 관한 이야기이다. 인간을 포함한 '우리'에게 어떤 일이 일어나고 있는지 풀어썼다. 특히, 비인간 존재들의 목소리와 입장을 최대한 반영했다. 매일 다음 세대를 마주하는 과학 교사이기 때문에 '우리'의 이야기를 전하는 것에 더 큰 책임을 느낀다. 과학 교사이기 전에 각각 '우리'의 일원으로 갖고 있는 고민을 나누고 싶은 마음도 크다. 부디 이 글들을 통해 드넓은 우주에서 이 지구 위에 오밀조밀 함께 존재하는 모든 것들에 대한 관심이 커지길 희망한다. '우리'에게 닥친 위기에 대한 이해를 바탕으로 평화롭게 함께 살아가는 공존을 향한 의지가 강해지고, 더 나아가 '우리'를 위한 지혜로운 해법에 한 걸음 다가서는 데 보탬이 될 수 있다면 더할 나위 없이 감사할 것이다.

2020년 겨울
가치를 꿈꾸는 과학 교사들

차례

1
기후 변화

슬렁이는 지구와
여섯 번째 대멸종

지구의 푸른 창고

"어쩜 그렇게 포용력도 크고, 성격도 무던해서 잘 참는지……."

'엄마 친구 아들딸' 이야기는 아니다. 지구 표면의 70퍼센트를 덮고 있는 물, '바다'에 대한 이야기이다. 대기나 지각, 생명체에 있는 아주 적은 양의 물은 잠시 접어 두었다. 물론 그렇다고 바다가 그렇게까지 엄청나다고 오해는 말자. 왜냐면 바닷물 역시 지구 전체로 보면 아주 적은 양이니까. 대기권을 빼고 고체로 이루어진 지구 전체만을 가지고 어림잡는다면 0.1퍼센트도 안 되는 양이다. 그러니 물은 사과 껍질처럼 아주 얇게 지구 표면을 4분의 3이나 뒤덮고 있는 셈이다. 그 부피가 1,360,000,000,000,000,000,000리터나 되면서 말이다.

물은 특별한 존재이다. 거의 모든 곳에 있고, 거의 모든 것을 품을 수 있고, 거의 모든 곳을 자유롭게 이동하며, 거의 모든 생명체를 이루고 있다. 그래서 물은 지구의 온도를 조절하는 거대한 장치가 된다. 더울 때는 에어컨으로, 추울 때는 히터로 그 역할을 하고 있다.

바다에는 적도와 극지방 사이 열의 불균형을 해소하기 위해 흐르는 물이 있다. 해류이다. 해류를 통해 저위도의 남는 열이 추운 한대지방으로 간다. 그렇게 한대지방 온도가 올라가면, 물은 대기 중으로 증발한다. 그리고 눈이 되어 다시 떨어진다. 희고 반짝이는 눈은 태양 복사에너지의 반사율을 높여 한대지방 온도를 다시 낮추는 데 힘을 더한다.

먼 길을 달려온 태양에너지는 지구 표면에 절반 정도만 도달하고 일부는 대기에 흡수되며 나머지는 우주로 반사된다. 지구에 흡수된 에너지마저 우주로 몽땅 나가 버린다면 지구는 밤마다 얼음처럼 차가운 행성이 되었을 것이다. 다행히 지표에서 방출된 에너지 일부가 이산화탄소, 수증기, 메테인메탄, 오존 등에 흡수되어 지구를 온실처럼 데운다. 그러니까 온실가스는 본래 악당이 아니다.

대기 중에 가장 많은 온실가스는 이산화탄소가 아니라 수증기이다. 이산화탄소는 인간이 문명을 발전시키며 열심히 공장을 가동하고 비행기를 띄우고 차를 몰면서 비정상적으로 증가한 것이지, 절대적인 양이 많은 것은 아니다. 눈곱만큼 존재하면서도 제 역할을 다하고 있었는데, 인간이 그 균형을 무참히 깨뜨려 지구를 뒤흔드는 방아쇠가 된 것뿐이다. 수증기, 이산화탄소와 같은 온실가스는 지구를 생명체가 살 수 있는 부드럽고 온화한 행성의 모습을 갖추도록 해 주었다.

수증기가 열을 뱉어 내며 물방울로 변해 만들어진 구름은 태양복사에너지를 반사해 지구의 온도가 더 이상 높아지지 않게 조절해 주기도 하고, 반대로 지구의 열이 밖으로 나가는 것을 막아 내어 지구의 온도를 유지해 주기도 한다. 물이 자연 상태에서 고체상태로 있는 빙하는 태양 복사에너지를 거의 80퍼센트 이상 반사한다.

물이 이렇게 지구의 온도 조절 장치 역할을 하며 다방면에 걸쳐 탁월한 역량을 발휘하는 것은 물을 이루는 산소와 수소의 절묘한 만남 덕이다. 산소는 전자를 끌어당기는 욕심이 많고, 수소는 전자를 끌어당기는 욕심이 산소보다 적다. 물은 이런 산소 원자 하나와 수소 원자 두 개가 만나서 만들어졌다. 그래서 물은 전체적으로 중성이지만 여전히 산소는 음전기를, 수소는 양전기를 띤다. 이 서로 다른 전기 때문에 물 분자들은 마치 찍찍이 테이프처럼 잘 달라붙어 있다. 이것을 수소결합이라고 하는데, 물이 가진 많은 특별한 성질들은 이 수소결합으로 생긴 것이다.

덕분에 물은 열을 가해도 분자들이 서로 쉽게 떨어지지 않는다. 웬만해서는 온도가 잘 올라가지 않아 지구의 기온은 급격하게 변하지 않는다. 또 얼음이 되면 수소를 사이에 두고 산소 원자들이 육각형으로 배열한다. 그러면서 부피가 늘어나며 밀도가 줄어들어, 겨울철 호수는 위쪽부터 언다. 그래서 천만다행으로 물 아래 생명들이 죽지 않고 겨울을 날 수 있게 된다. 무엇보다 음전기와 양전기를 띠고 있는 까닭에 전기를 띤 여러 물질을 잘 녹여 품을 수 있어, 바다는 이산화탄소도 잘 녹여 품어 내고 있다. 바다는 탄소를 붙잡고 있는 지구의 푸른 창고인 셈이다.

그러니 지구 표면의 절반 이상을 덮고 있고 물로써 지구가 지구다워진다면, 땅을 뜻하는 한자 '지地'를 쓰지 말고 물을 뜻하는 한자 '수水'를 써서 우리 행성을 '지구地球' 대신 '수구水球'라고 불러야 하는 건 아닐까?

🌑 술렁이는 바다, 허둥대는 지구

무던하기만 한 줄 알았던 바다인데, 바다가 술렁이기 시작했다. 싱싱한 오징어의 쫀득하고 달착지근한 맛을 느끼러 동해를 찾은 적이 있다. 그런데 동해 한 포구의 횟집들을 샅샅이 훑고 다녀도 오징어를 구경도 못 했다. 강원도 동해에 오징어가 한 마리도 없다니. 다행히 이듬해에는 오징어가 풍어라는 소식을 듣긴 했다. 명태도 만나기 힘들다. 노가리, 명태, 동태, 먹태, 황태…… 이름이 많기로 유명한 명태는 우리나라에서 흔한 생선이라 오래전부터 제

[지구 온도 조절 장치인 물의 비밀]

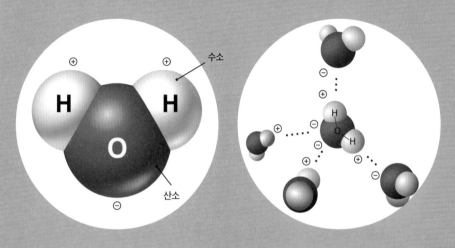

수소

H   H

O

산소

음전기를 띠는 산소 원자는 이웃한 물 분자
의 양전기를 띤 수소 원자와 결합한다.

전기적 특성 덕분에 물 분자의 결합은 일반
적인 분자 결합보다 강하다.

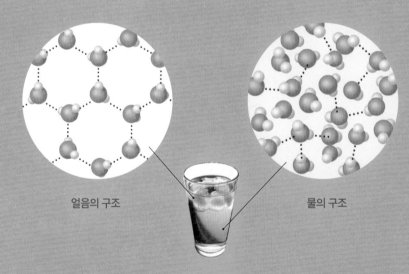

얼음의 구조

물의 구조

얼음이 물에 뜨는 이유

사상에 항상 올랐다. 하지만 이제 우리나라에 유통되는 명태는 모두 러시아산이다.

명태는 차가운 물에 사는 바닷물고기이다. 명태가 강원도 지역에서 사라진 이유는 여러 가지겠지만 찬 바닷물인 한류가 동해로 충분히 내려오지 못한 것도 큰 이유였을 터다. 바다가 웬만해서는 급격한 온도 변화를 일으키지 않는다는 말은, 거꾸로 바다에 사는 생물들이 오랫동안 큰 온도 변화를 겪지 않고 살아왔다는 뜻이다. 그건 작은 온도 변화에도 큰 피해를 입을 수 있다는 이야기이기도 하다.

바다가 탄소를 잡아 두는 일도 마찬가지이다. 바다에는 해류를 통한 수평 방향의 순환뿐만 아니라 위에 있는 바닷물과 아래에 있는 차가운 바닷물 사이에서 일어나는 수직 방향의 순환도 있다. 전 세계의 깊은 바다 밑바닥에는 차가운 극 지역에서 가라앉은 해수가 흐른다. 수직 방향의 순환은 수평 방향의 순환보다 시간이 훨씬 오래 걸리지만, 더 많은 양의 열을 순환시켜 지구 기후를 안정시키는 데 큰 역할을 한다. 이런 수직 방향의 순환은 표층수에 가득 찬 탄소를 깊은 바다로 이동시켜, 바다가 다시 대기의 탄소를 품을 수 있게 한다. 하지만 이런 바다라고 해서 끝도 없이 탄소를 저장할 수 있는 건 아니다. 기후 변화가 일어나면 바다의 수온도 당연히 올라간다. 1960년대 이후, 바다는 대기보다 20배나 넘는 양의 열을 흡수했고, 해마다 대기로 방출된 탄소 중 22억 톤을 흡수해 왔다.

최근 바다 생태계에서 여러 이상 징후가 전해지고 있다. 산호가 죽어 간다. 몸에 껍데기를 두른 바다 생물들이 껍데기를 제대로 만들지 못하거나 껍데기가 녹아내리고 있다. 플랑크톤 집단에 이상 신호가 잡힌다. 바다 생태계가 밑바닥부터 흔들리고 있다. 바로 탄소 때문이다. 기후 변화로 이산화탄소가 공공의 적이 되고 덩달아 탄소도 악당 취급을 받게 되었지만, 탄소는 생명체를 구성하는 기본 물질이자 지구에 없어서는 안 되는 소중한 물질이다. 탄소는 지구가 탄생했을 때부터 모양과 형태를 바꾸어 가면서 지구 여기저기를 빙글빙글 돌며 순환해 왔다.

바다에 이산화탄소가 녹아 들어가면 약산성을 띠는 탄산이 되고, 이 탄산은 수소이온을 내놓으며 중탄산염탄산수소염이 된다. 이때 나온 수소이온이 바닷속에 녹아 있는 탄산이온과 다시 결합하면 또 다른 중탄산염이 되어 버린다. 그런데 탄산이온은 육지에서 흘러들어 온 칼슘과 결합해 탄산칼슘이 되어, 바다 생태계의 기초인 플랑크톤의 껍데기를 만드는 재료가 된다. 바다에 이산화탄소가 지나치게 많이 녹아들면 어떻게 될까? 수소이온이 더 많아지면서 바닷물은 산성화되고, 이렇게 많아진 수소이온은 탄산이온과 결합해 중탄산염이 되어 버린다. 탄산이온이 점점 더 줄어들게 되는 것이다. 그러면 플랑크톤은 껍데기를 만들 재료를 충분히 얻지 못한다. 또 석회암 지대에 구멍이 뚫리고 동굴이 만들어지듯, 바다로 녹아 들어간 이산화탄소는 석회석으로 이루어진 플랑크톤 껍데기를 마치 골다공증에 걸린 것처럼 만든다.

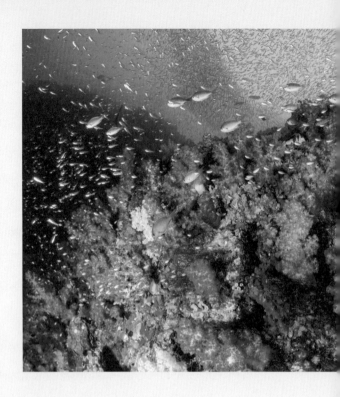

● 바다 생물의 보금자리인
아름답고 건강한 산호초.
인도양, 2009년.

　이렇게 바다 생태계가 타격을 입으면 바다가 이산화탄소를 저
장하는 능력에도 치명적인 문제가 생기고 만다. 바다가 탄소를 저
장하는 방법 중 하나가 바로 생물들이 바닷속의 탄산염과 칼슘을
이용해 껍데기를 만들고, 그 껍데기를 다시 해저 바닥에 묻는 일이
기 때문이다. 마치 펌프처럼 탄산을 길어다 바다 밑바닥으로 밀어
내는 것이다. 이 과정이 활발히 이루어져야 대기와 맞닿아 있는 꼭
대기 상층 바닷물에 이산화탄소가 녹아들 빈 자리가 생긴다. 그래
야 바다는 멈추지 않고 대기 중의 탄소를 녹여 낼 수 있다. 상층 바
다에서 충분한 양의 탄소를 제거하지 못하면 바다는 대기에서 이

● 지구온난화와 해양 산성화로 탈색되고 죽어 가는 산호초. 인도양, 2019년.

산화탄소를 받아들일 수 없다. 이미 너무 많이 있으니까.

　이뿐만이 아니다. 사이다는 차가워야 제맛이고, 꽉 막아 놓아야 김이 안 빠져 시원하게 "크!" 하며 마실 수 있다. 사이다의 '김'이란 탄산가스를 말한다. 이산화탄소가 물과 잘 결합해 탄산가스를 만들려면 이산화탄소의 운동이 너무 활발해서는 안 된다. 즉, 온도가 높으면 안 된다. 그런데 지구 온도가 올라가면서 바다 온도가 올라가면 어떻게 될까? 대기 중으로 쏟아져 나오는 이산화탄소의 절반 이상을 녹여 내던 바다가 그 역할을 멈춘다면? 멈추는 정도가 아니라 이미 녹아 들어갔던 탄소를 다시 대기 중으로 방출하기

까지 한다면? 마치 사이다 병뚜껑을 따 놓은 것처럼 말이다. 이미
바다는 술렁이고 있다. 바다가 술렁이니 바다에 사는 생물들은 몸
살을 앓고 시름시름 앓다가 알게 모르게 사라져 가고 있다. 오래전
지질시대의 어떤 바다처럼.

🔴 인류에 의한 인류까지 사라지는 여섯 번째 대멸종

무척 오래전의 이야기이다. 2억 5000만 년 전. 이제 막 땅 위에
네발로 걸어 다니는 생명들이 등장하기 시작했다. 오랜 시간 동안
생명체들은 바닷속에서만 번성했었다. 땅 위는 위험한 광선들이
생명체를 위협했으니까. 세포를 파괴하고 궤양을 일으키는 강력
한 자외선이 마르기 시작한 땅 위에 사정없이 내리꽂히고 있었다.
광합성이 오존이라는 방패를 대기에 띄우기까지 바다만이 유일한
안전지대였다.

질기게 목숨을 이어 가며 다양한 종으로 분화한 삼엽충은 어두
운 해저를 미끄러지듯 헤엄쳐 다니고, 활짝 핀 바다의 꽃 해백합은
꽃잎처럼 생긴 팔로 춤추듯 작은 플랑크톤이며 물고기를 위쪽에
있는 입으로 부지런히 날랐다. 아가미로 물속의 산소를 골라 혈액
으로 보내는 데본기의 물고기들은 곧고 날렵한 등뼈를 이용해 힘
차게 바닷속을 헤엄치고 있었다. 40억 년 동안 살아 있는 것이라곤

찾아보기 힘들었던 지구에 우주의 대폭발처럼 생명이 폭발적으로 탄생했다.

고생대는 이런 생명의 빅뱅으로 시작했다. 그들은 번성했고, 바다는 완벽한 생태계를 이루었다. 암흑과 침묵만이 지배했던 지난 바다와 비교한다면 정말 시끌벅적한 놀이동산 같은 세상이 되었다. 조개를 닮은 완족류들이 입을 벌려 합창하고, 머리에 투구를 쓴 모양으로 뼈를 몸 밖에 붙인 물고기들이 번성하다가, 이어서 뼈를 길쭉하고 매끈한 대칭 형태로 몸속으로 고스란히 가져간 물고기들이 헤엄을 쳤다. 아직 이르긴 하지만 지느러미 대신 발이 넷 달린 양서류들도 슬금슬금 육지로 오르길 시도하고 있었다.

그런데 이렇게 와글와글 왁자지껄 생명력이 넘쳐 나던 바다가 한순간에 정적에 휩싸였다. 모든 살아 있는 것들이 녹고 마르고 질식하고 말았다. 고작 6만 년 사이에. 지구의 시간으로 보면 너무나 짧은 이 시간 동안 도대체 바다를 품고 있는 우리 행성에 무슨 일이 벌어진 것일까? 무엇이 이 대량 학살의 흉악한 범인일까? 2억 5000만 년 전, 학살의 바다에는 다시 남세균과 같은 녹조류만이 물컹거리는 덩어리로 이리저리 떠밀려 다니고 있었다. 그리고 거의 아무도 없었다.

지질시대 중 페름기라 불리는 시대의 끝은 세상의 종말이었다. 마치 신의 심판이라도 있었던 것처럼 지구상에 존재하던 거의 모든 것들이 사라져 버렸다. 지질시대를 통틀어 이렇게까지 끔찍한 종말의 날은 없었다.

수백만 년이 흘러 다시 생명들이 들어찬 바다는 이전과는 완전히 달랐다. 모진 학살의 시간을 간신히 피한 암모나이트와 완족류만 단조롭게 바다를 채우고 있었을 뿐이다. 바다뿐만 아니라 육지도 상황은 마찬가지였다. 석탄기에 질척거리던 늪지대 숲을 이어 페름기에 지구에 거대하게 번성했던 침엽수림도 힘을 잃었다. 인류의 조상이 될지도 몰랐던 조금은 남루하게 생긴 포유류형 파충류도 아쉬운 작별을 했다. 가정이란 것이 부질없지만, 만약 이 시기에 포유류의 조상 격인 포유류형 파충류가 거의 사라지지 않았다면 인간은 지금 전혀 다른 생김새로 살아가고 있을지도 모를 일이다. 좀 더 큰 골격에 커다란 머리를 단 직립보행 동물이 넥타이를 매고서 튼튼한 허벅지 근육을 한껏 자랑하며 고층 빌딩 숲 사이를 스카이 콩콩처럼 뛰어다니고 있었을지도.

이런 처참한 대멸종 이야기를 접하면 사람들은 쉽게 우주를 떠돌아다니는 불량한 운석들의 급작스러운 지구 방문을 떠올린다. 하지만 페름기 테러의 시작은 지구 안에서, 그것도 지구의 아주 깊은 내부에서부터 시작되었다. 부화를 눈앞에 둔 새는 금방이라도 세상에 나올 듯 몸이 한껏 구겨진 채로 한 덩어리가 되어 알을 가득 채우고 있다. 페름기 말 지구의 땅들은 이 부화 직전의 새를 닮았었다.

그때 지구의 땅은 하나의 거대한 초대륙인 판게아였다. 시작은 북극 근처, 지금의 시베리아쯤에서 용암이 터져 나와 홍수처럼 흘러내린 일이었다. 판게아 전체를 놓고 보면 일부 지역의 화산 분출이었지만, 그때 분출된 용암은 지금도 시베리아에서 수천 미터 두께로 발견된다. 끝을 알 수 없는 길고 긴 분출이었을 것이다. 학자들은 100만 년이 넘는 동안 거대하고 폭발적인 분출이 일어났을 것이라고 말한다. 왜 시베리아에서 이런 용암이 터져 나왔을까? 지구 내부의 아주 깊은 곳, 즉 지구의 핵 부근에서부터 상승하는 거대한 '플룸'이라는 마그마 기둥에서 분출이 시작되었다는 게 가장 근거 있는 설명이다.

더 주목해야 할 것은 화산이 분출할 때 가장 많이 나오는 가스가 수증기, 이산화탄소, 이산화황이라는 점이다. 바로 온실가스이다. 100만 년에 걸친 용암 분출은 엄청난 양의 온실 기체를 대기 중으로 밀어 냈다. 또 부글거리며 터져 나오던 용암은 페름기의 땅 아래에 묻혀 있던 석탄과 석유 구덩이를 터뜨려 일순간에 태워 버렸다. 이로써 더 많은 양의 이산화탄소가 대기 중에 쏟아져 나왔고, 지구의 기온이 상상할 수 없을 만큼 올라갔다. 그 열기에 땅 위의 물은 죄다 말라붙어 강은 더 이상 흐르지 않고 동물들은 마른 목을 축일 웅덩이조차 찾지 못했다. 식물도 물을 찾아 땅 깊은 곳까지 뿌리를 내렸겠지만 허사였다. 땅 위 온도는 섭씨 60도에 육박하고 바다 온도는 섭씨 40도를 넘기며 단백질이 익어 가는 조짐을 보였을 것이다.

지구는 지질시대 역사 중 다섯 번의 대멸종을 경험했다. 그중 지금 이야기한 2억 5000만 년 전 고생대 말 페름기에 일어난 대멸종이 최악의 사건으로 꼽힌다. 그 원인은 극심한 지구온난화, 기후 변화였다. 대기 중에 퍼진 엄청난 양의 이산화탄소로 바다는 산성화되었고, 생태계는 속절없이 녹아내리는 플랑크톤을 시작으로 밑바닥부터 무너지기 시작했다. 섭씨 40도가 넘는 뜨뜻한 바다에서는 맨 아래 깊은 바다까지 산소를 공급하던 수직 방향의 순환도 멈추었다. 공장에서 벨트 컨베이어가 정지하면 모든 공정이 중단되듯이 전체 바다의 순환은 멈추었고, 심해에는 산소가 사라졌다. 그리고 모조리 다 죽었다.

페름기 말의 끔찍한 몰살. 그 원인이 오늘날의 기후 변화와 너무나도 비슷하지 않은가? 물론 페름기 말의 대기 중 이산화탄소량에 비하면 오늘날 이산화탄소량은 어린아이 장난처럼 가볍게 여겨질지도 모른다. 페름기 말 대기 중 이산화탄소는 1만 기가톤 gigaton: 10억 톤에서 4만 8000기가톤까지로 짐작된다. 오늘날 지구에 있는 화석연료를 모두 태우더라도 대략 5000기가톤의 탄소가 대기 중으로 나올 것이다. 하지만 문제는 양이 아니라 속도이다. 페름기 말의 대멸종은 6만 년 동안 일어난 일이고, 오늘날 대기 중 이산화탄소 400피피엠ppm: 농도의 단위 중 200피피엠은 산업혁명 이후 200년 동안, 겨우 200년 동안 생겨난 것이다.

과학자들은 지구 여러 곳에 기후 변화의 급변점티핑 포인트들이 있다고 한다. 버틸 수 있는 한계점이 되는 문턱들이다. 문턱을 넘기는 힘들지만, 일단 문턱을 넘어가면 그 뒤에는 많은 것들이 한꺼번에 변한다. 그리고 그 변화를 다시 되돌리는 일은 불가능에 가깝다. 지구의 속도가 아닌 인간의 산업화 속도는 지금 그 문턱을 낮추고 있다.

반짝이는 샛별의 경고

지난 2003년 프랑스에 극심한 폭염이 이어지는 동안 식물들의 광합성이 줄어들어 대기 중의 이산화탄소량이 늘어났다. 그런데 그렇게 늘어난 이산화탄소는 지구의 온도를 더 높이고 다시금 식물의 광합성을 더 줄였다. 그러자 연쇄적으로 대기 중 이산화탄소의 양이 더 늘어났다. 서로가 서로를 강화하는 영향을 준 것이다.

북극 바다 위에 떠 있는 빙하 면적이 줄어들면 태양 복사에너지를 반사하는 양이 줄어들어 북극 기온은 올라간다. 북극 기온이 올라가면 빙하 면적은 다시 더 줄어들고, 북극 기온은 다시 더 올라간다. 다시, 또다시……. 이런 구조를 되먹임, 다른 말로는 피드백, 그중에서도 '양의 피드백'이라고 한다. 지구온난화를 일으키는 것들이 서로가 서로를 강화해 주는 역할을 하게 되면 온실 기체 1을 방출했을 때 2.3배의 지구온난화 효과를 불러온다. 안타깝게도 우

🔵 1. 그린란드 스발바르제도의 이동 수단인 개 썰매.
🔵 2. 2019년 6월 덴마크 기상학자 스테펜 올센이 찍은 같은 곳의 사진.
지구 기온 상승으로 개 썰매가 눈이 아닌 물 위를 달리고 있다.

리가 벌인 일만큼만 감당하면 되는 게 아니라 그보다 더 큰 값을 톡톡히 치러야 하는 것이다.

이런 되먹임으로 인해 대기 중에 늘어난 이산화탄소는 지구의 숲에서, 바다에서, 빙하에서, 토양에서 더 극적인 온실효과를 만들어 낸다. 아마존의 울창한 열대우림에서도 이런 되먹임이 일어난다. 지구의 가습기인 아마존 열대우림은 기후 변화로 파괴되고 있는 데다, 인간이 먹을 고기를 생산하기 위한 소 목장을 만들려고 끊임없이 베어지면서 가뭄을 겪고 있다. 이 가뭄은 산불을 불러오고 나무들은 더 많이 사라져 간다. 이렇게 사라진 나무는 대기를 더욱 건조하게 만들어 숲은 점점 더 바싹 말라 간다. 바다도 마찬가지이다. 기후 변화로 바닷물 온도가 올라가 수직 방향의 순환이 느려지면, 표층의 바다는 대기 중의 이산화탄소를 잘 녹여 내지 못한다. 기온이 올라갈수록 바다의 수직 방향 순환은 더 더뎌지고, 대기 중의 이산화탄소도 더 제거하지 못한다. 기후 변화로 단단하게 얼어 있는 영구 동토층 속에 갇혀 있던 메테인 가스가 튀어나오기 시작하면, 기온은 더 올라간다. 그러면 영구 동토층의 온도가 더 높아져 더 많은 양의 메테인이 대기로 쏟아지고, 기온은 더욱더 올라간다.

미의 여신 비너스Venus를 닮아 새벽이나 저녁이면 가장 먼저 우리를 찾아오는 행성인 금성. 대기의 흔들림을 따라 반짝이며 우리를 우주의 문 앞으로 안내해 주는 샛별. 하지만 우리는 금성에서는 어떤 생명체도 살 수 없다는 사실을 잘 알고 있다. 금성은 마치 해수면 800미터 아래에 서 있는 것 같은 지독한 압력과 금속이 녹아내리는 용광로 속과 같은 표면 온도를 기록하는 행성이다. 이 행성의 표면 온도는 무려 섭씨 420도나 된다.

금성이 이렇게 뜨겁게 끓고 있는 이유는 무엇일까? 바로 지금 지구에서 일어나는 되먹임 현상 때문이다. 금성에도 처음에는 바다가 있었을 거라고 추측한다. 지구보나 태양에 가까운 탓에 뜨거운 열기로 금성의 바다에 녹아 있던 이산화탄소가 대기 중으로 탈출하고, 그렇게 탈출한 이산화탄소는 온실가스가 되어 다시 금성의 온도를 높인다. 높아진 온도는 또다시 바닷속의 이산화탄소를 끌어내고, 이제 금성은 암석 속에 갇혀 있던 이산화탄소마저 끌어내 최악의 온도를 찍는다. 그러면 또다시 그 이산화탄소가 금성의 온도를 높인다. 급기야 금성은 대기의 96퍼센트가 이산화탄소로 가득 채워지고 말았다. 그 결과, 한번 들어온 태양 복사에너지는 금성 밖으로 빠져나가는 게 힘들어졌다. 물론 그사이 금성의 바다는 모두 증발해 버렸고 그 수증기조차 분해되어 이제는 대기 중에서도 흔적을 찾아보기 힘들다. 되먹임 현상이 연속적으로 일어나면서 온실효과가 폭주함에 따라 금성은 아무것도 살 수 없는 행성이 되고 말았다. 새벽 또는 초저녁 금성의 반짝임은 오랫동안 인류에게 보내온, 되먹임과 급변점과 기후 변화에 대한 경고였던 것이다.

우리 지구는 아직 그럭저럭 버티고 있다. 하지만 실제로는 어떤 과학자도 지구가 언제까지 버틸지 알 수 없다고 말한다. 언제 '문턱'을 넘어 지구 스스로도 제어할 수 없는 폭주를 시작할지 모르기 때문이다.

젠가 놀이를 할 때 우리는 이와 비슷한 상황을 쉽게 맞닥뜨리곤 한다. 나무토막을 하나씩 빼내다가 더는 견디지 못할 만큼 구조가 불안정해지는 순간 내 차례가 되면, 불행을 예감한다. 그러곤 아주 아주 조심스럽게, 정말 숨도 안 쉬며 나무토막을 살살 빼내지만, 예감은 현실이 되고 나무토막으로 쌓은 구조물은 와르르 무너진다. 정말 한순간에 붕괴하고 만다. 이것이 바로 문턱값이다.

지구는 대기와 해양에 쌓여 가는 온실가스를 언제까지 버틸 수 있을까? 혹시 오늘이나 아니면 내일, 경제 발전이라는 이름으로 기세 좋게 가동되는 우리나라의 석탄 화력발전소가 쏟아 낸 이산화탄소가 젠가의 마지막 나무토막이 되지는 않을까? 그러니 분명한 사실은 이것저것 가릴 것 없이 닥치는 대로 최대한 노력해야 한다는 것이다. 그 어떤 노력을 두고도 지나치다고 할 수 없는 지금이다.

● NASA가 추적한 1년 동안 지구 대기에 쌓이는 탄소. 붉을수록 농도가 높다.

2
바이러스
자연이 인류에게 보낸
긴급 경고장

코로나19의 마지막은 어떻게 기억될까?

바이러스로 시작된 두려움과 혼란은 어떻게 기록될까? 일상생활을 되찾는가 싶다가도, 확진자 그래프는 예고 없이 가파르게 치솟기도 한다. 설마설마했던 시간과 장소에서 감염이 발생하고, 감염경로를 분석할 수 없는 경우가 늘어난다. 마스크 쓰기는 선택이 아닌 필수이고, 사회질서는 아슬아슬하게 유지되고 있지만 그 끝을 알 수 없는 날들이 계속된다. 바이러스가 만들어 내는 풍경들이다.

원인 불명의 폐렴 증상이 중국 우한에서 집단 발병하고, 감염병으로 공식화된 것은 2019년 12월 31일, 한 해의 마지막 날이었다. 병원체를 검사해 보니 기존에 알려진 바이러스는 아닌 것으로 확인되었다. 관련되었다고 알려진 해산물 시장이 폐쇄되었고, 접촉자들을 파악해 모니터링을 진행했으며, 즉각 격리 치료가 이루어졌다. 무섭게 퍼져 나가는 감염병을 막기 위해 마침내 도시 전체를 봉쇄했지만, 바이러스는 이미 전 세계로 퍼져 나간 뒤였다.

코로나, 또는 코로나19, 코로나바이러스-19로 불리는 코로나바이러스감염증-19. 세계보건기구WHO에서 발표한 공식 명칭은 COVID-19이다. 우리나라에서 '신종 코로나바이러스감염증2019-nCoV'으로 이름 붙인 이 질병은 발생한 지 100일 만에 팬데믹 선언을 끌어내고, 1년 만에 태평양 섬나라 몇 개국을 세외한 전 세계 모든 국가에서 6000만 명에 이르는 확진자와 150만 명에 이르는 사망자를 낳았다.

사람들이 코로나19에 큰 두려움을 느꼈던 이유는, 2003년 세계를 긴장시켰던 사스 SARS, 중증급성호흡기증후군의 기억 때문이다. 사스

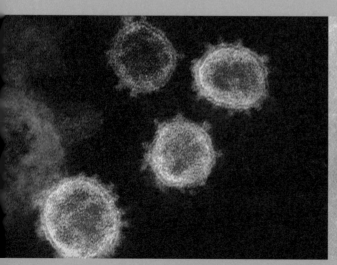
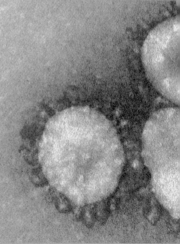

● 코로나19 바이러스.

와 코로나19는 감염 원인이 코로나바이러스라는 점, 중국에서 시작되었다는 점, 박쥐의 코로나바이러스에서 기원한 변종이라는 점 등이 서로 매우 닮았다. 사스와 코로나19는 굳이 비유하자면 사자와 호랑이 관계이다. 사자와 호랑이는 둘 다 대형 고양잇과 포유류이다. 사는 환경이 서로 달라 자연 상태에서는 누가 더 센지 비교하기 어렵지만, 사자가 얼마나 무서운 맹수인지 겪어 본 사람은 굳이 겪지 않더라도 호랑이가 얼마나 사나운지 짐작할 수 있다. 그나마 사스를 겪은 덕분에 인류는 다시금 전 세계를 덮친 코로나바이러스-19를 빠르게 이해하고 이에 대비할 수 있었다. 특히 사스는 우리에게 '슈퍼 전파자'의 존재와 그 위험성을 각인해 주었다.

사스가 막 퍼지기 시작했을 때, 광둥성의 대학 병원에 근무하던

 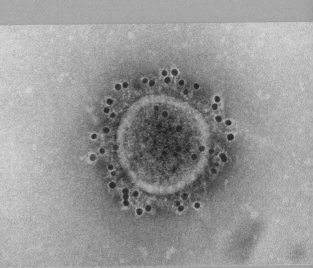

● 사스바이러스.   ● 메르스바이러스.

64세의 의사는 친척 결혼식에 참석하기 위해 홍콩 M호텔 9층에 머물렀다. 그는 홍콩에 오기 전 가벼운 증상이 있었지만 크게 신경 쓰지 않았다. 하지만 호텔에 투숙한 다음 날 증상이 심해져 중환자실에 입원했고, 며칠 뒤 사망했다. 그 의사는 하루 동안 호텔의 같은 층에 머물렀거나 접촉했던 사람들을 모두 감염시켰고, 그들은 비행기를 타고 미국, 베트남, 싱가포르, 캐나다로 이동하며 공항, 집, 병원에서 접촉한 사람들에게 바이러스를 감염시켰다. 그렇게 한 달 만에 바이러스가 전 세계로 퍼졌다. 사스는 독감바이러스 말고도 대유행을 일으킬 수 있는 신종 바이러스가 출현할 수 있다는 것을 알려 준, 자연이 인류에게 보낸 무서운 경고장이었다.

사스의 원인인 코로나바이러스는 어디에서 왔을까? 확실한 것은 최초에 감염된 사람이 누구든, '사람'에게서 바이러스가 옮아 온 건 아니라는 점이다. 코로나바이러스에도 여러 종류가 있다. 그중에 사람을 감염시키는 종류는 여섯 가지라고 알려져 있다. 2000년대 들어 추가된 사스와 메르스MERS, 중동호흡기증후군를 제외한 4종은 감기를 일으키는 가볍고 흔한 바이러스일 뿐이었다. 물론 감기라고 마냥 가볍게 볼 수는 없다. 드물지만 감기 합병증인 폐렴에 걸려 사망하기도 하기 때문이다. 어쨌든 인간을 감염시키는 4종의 코로나바이러스에 의한 증상은 대체로 가볍게 여겨졌기에, 코로나바이러스는 공기만큼이나 존재감이 없었다. '왕관'이라는 뜻의 코로나 Corona라는 이름이 살짝 무색할 지경이었다. 증상이 심각하지 않으니 많은 시간과 비용을 들여 코로나바이러스를 물리칠 항바이러스제나 백신을 개발할 이유도 없었다.

그런데 사람에게서 옮아올 수 있는 4종의 코로나바이러스가 아닌 다른 코로나바이러스가 엄청난 파문을 일으키고 말았다. 이 새로운 코로나바이러스는 박쥐의 코로나바이러스에서 유래했다고 한다. 사스의 경우, 박쥐의 바이러스가 박쥐에게서 직접 사람에게 옮아온 게 아니라 사향고양이를 거쳐 사람에 대한 전염력을 갖추게 된 것으로 추정하고 있다. 코로나19의 경우, 박쥐 코로나바이러스가 천산갑 코로나바이러스의 유전자 일부를 획득하면서 사람에 대한 전염력을 가진 변종 바이러스가 만들어진 것으로 추정하고 있다.

바이러스는 지구에서 가장 빠르게 진화한다

우리는 흔히 이 세상 모든 바이러스가 무조건 인간을 감염시킬 수 있고, 인간의 몸 어느 곳이든 가리지 않고 공격한다고 생각해 공포감을 느낀다. 하지만 바이러스는 아무나 아무 곳이나 무턱대고 감염시키지 않는다. 그 답은 바이러스의 구조에 있다. 바이러스의 구조는 다른 생물들과 비교하면 매우 단순하다. 아메바와 같은 단세포생물과 비교해 봐도 그렇다. 바이러스는 크게 두 부분으로 나뉘는데, 단백질 껍질과 핵산 알갱이로 이루어진다. 단백질 껍질의 중요한 기능은 핵산을 보호하는 것이다. 이 단백질 껍질의 표면에는 돌기들이 있다.

이 돌기들에는 두 가지 기능이 있다. 첫 번째 기능은 탐색이다. 바이러스가 만나는 세포가 자신의 숙주인지 아닌지 탐색하는 것이다. 바이러스에게 숙주가 필요한 이유는 다른 생명체들과 달리 단백질 껍질과 핵산 알갱이 말고는 가진 게 없기 때문이다. 세균조차도 세포로 이루어져 혼자 힘으로 살아갈 수 있다. 그러나 가진 것 없는 바이러스는 증식하려면 다른 세포에 침입해 그 세포가 가진 물질을 끌어다 써야만 한다. 그래서 바이러스에게 자신의 숙주를 찾는 일은 매우 중요하다. 바이러스는 자기 의지를 갖고 있지 않다. 숙주를 만나기 전까지 먼지처럼 떠돌아다닌다. 그러다 우연히 만나는 세포 하나하나를 자신의 숙주인지 아닌지 표면의 돌기를 사용해 확인한다. 마치 어두운 방에서 스위치를 찾느라 손으로 벽을 더듬거리는 것과 같다.

돌기의 두 번째 기능은 열쇠이다. 돌기는 바이러스가 만난 세포가 숙주인지 확인함과 동시에 바이러스가 세포 안으로 들어갈 수 있도록 문을 여는 열쇠의 역할을 한다. 바이러스마다 가진 열쇠가 다르고, 이에 따라 침입할 수 있는 세포가 달라진다. 어떤 바이러스는 박쥐를, 어떤 바이러스는 인간을 감염시키는 것처럼 바이러스마다 침입 가능한 종이 다르다. 또 인간을 감염시키는 바이러스라고 해서 인간의 모든 세포를 감염시키는 것은 아니라 감염시키는 기관이나 조직이 다르다. 따라서 바이러스가 일으키는 증상도 저마다 다 다르게 나타난다. 에이즈AIDS의 원인 바이러스인 인체면역결핍바이러스HIV는 인간의 면역 세포를 숙주로 삼는다. 그래서 후천적으로 면역 능력을 상실하는 증상이 나타난다. 독감바이러스는 숨 쉴 때 공기가 드나드는 호흡기의 세포를 숙주로 삼는다. 따라서 기침, 콧물, 코막힘과 함께 목구멍이 아프고 폐에 염증이 생기는 등 호흡기 증상이 나타난다. 코로나19도 주로 호흡기를 통해 감염된다. 본래는 인간의 호흡기 세포를 감염시킬 능력이 없었는데, 진화를 통해 능력을 갖추게 된 것이다.

바이러스의 진화도 다른 생명들과 동일하게 유전정보의 변화에서 비롯된다. 바이러스의 특징을 결정짓는 유전정보, 즉 저마다 다른 단백질 껍질과 돌기에 대한 정보는 핵산 알갱이에 포함되어 있다. 바이러스는 세포를 감염시킬 때 자신의 핵산에 포함된 유전정보를 세포에 슬쩍 들이민다. 복제에 필요한 물질과 장비가 없는 바이러스가 증식을 위해 숙주세포를 마치 공장처럼 이용하는 것이다. 감염된 세포는 바이러스의 유전정보를 자기 것인 양 복제하고, 그 정보대로 단백질 껍질을 만든 다음 복제된 핵산을 단백질 껍질로 잘 포장해 새로운 바이러스를 엄청나게 많이 증식시킨다.

이때 핵산에 들어 있는 한 종류의 생명체를 이루는 유전정보의 집합을 '유전체'라고 한다. 유전체를 이루는 핵산은 보통 DNA나

[바이러스 복제 과정과 핵산의 구성]

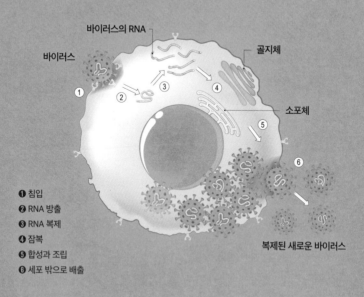

바이러스의 RNA

바이러스

골지체

소포체

① 침입
② RNA 방출
③ RNA 복제
④ 잠복
⑤ 합성과 조립
⑥ 세포 밖으로 배출

복제된 새로운 바이러스

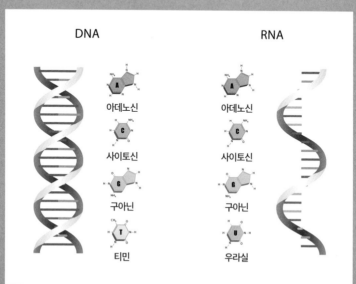

DNA

아데노신
사이토신
구아닌
티민

RNA

아데노신
사이토신
구아닌
우라실

RNA로 구성된다. 지구 생명체는 유전체를 이루는 핵산으로 DNA를 사용한다. 그래서 DNA를 '생명의 설계도'나 '생명의 언어'에 비유하곤 한다. 그러나 바이러스는 DNA를 쓰는 종류도 있지만, RNA를 쓰는 종류도 있다는 점에서 일반적인 지구 생명체와 큰 차이를 보인다.

RNA를 핵산으로 쓰면 어떤 일이 일어날까? 유전체는 부모 세대에서 자손 세대로 전해지는데, 원본을 그대로 전달하지 않고 복사본을 만들어 전달한다. DNA와 RNA는 각각 복사본을 만드는 과정에서 차이가 있다. DNA는 이중 가닥으로 이루어져 있어서 한 가닥을 복사한 뒤에 나머지 한 가닥을 참고해 제대로 복사했는지를 점검하고 수정한다. 그런데 일반적으로 RNA는 한 가닥으로 되어 있다. 그 한 가닥을 베껴 쓴 뒤에 맞는지 틀리는지 참고할 가닥이 없다. 점검하고 수정하는 과정이 없으니, RNA는 베껴 쓰다가 틀린 부분이 발생할 확률이 높다. 복제 과정에서 내용이 바뀔 확률이 DNA보다 RNA가 높은 것이다. 그래서 RNA를 핵산으로 사용하는 바이러스는 돌연변이가 만들어질 확률이 더 높다.

돌연변이가 일어난다는 것은 새로운 바이러스가 손쉽게 만들어질 수 있다는 의미이다. 새로운 바이러스가 되면 작게는 전파력이나 증상의 정도가 달라질 수 있고, 크게는 숙주의 종류가 바뀔 수있다. 심지어 두 종류의 바이러스가 하나의 세포에서 만나 섞이면 잡종 바이러스가 탄생하기도 한다. 조류독감바이러스나 돼지독감

바이러스도 이렇게 인간을 공격하는 독감바이러스로 바뀌었다.

돌연변이가 만들어지는 속도로는 바이러스가 지구 안에서 최상위권에 든다. 병원체를 조사하고 분석하는 동안에도 전염을 통해 계속 돌연변이가 일어난다. 그래서 바이러스를 물리칠 백신이나 치료제를 만들기가 매우 어렵다. 백신이나 치료제 개발 못지않게 n차 감염을 막는 일이 중요한 이유이다. 감염의 차수가 늘어날수록 돌연변이의 확률도 높아지기 때문이다.

● 돌연변이 바이러스를 따라잡으려면

백신은 바이러스에 대한 정보를 우리 몸의 면역계에 미리 알려서 몸이 훈련을 해 둘 수 있도록 도와주는 역할을 하는 가상의 적이다. 보통 바이러스를 약하게 하거나 불활성화해 백신을 만든다. 백신의 효과를 가장 확실히 보여 준 예는 한때 인류를 공포에 떨게 만들었던 천연두바이러스의 멸종이다. 백신으로써 바이러스를 사라지게 한 경우는 천연두바이러스가 유일하다. 백신은 우리 몸의 방어 능력을 준비시켜 주는 것이기 때문에 미리 맞아야 한다. 그래서 정작 바이러스 감염병에 걸린 사람이 백신을 맞는 것은 크게 도움이 되지 않는다. 백신은 치료제가 아니기 때문이다. 백신은 개발하기 어렵지만, 일단 개발해서 접종이 가능해지면 감염병의 확산을 감소시키는 데 있어서 매우 효과적이다. 개인에게는 항체를 만들어 미리 방어 능력을 갖출 수 있게 한다. 결과적으로 개인이 겪을 고통을 줄일 수 있다. 이는 사회적으로도 큰 의미가 있다. 감염병이 더 이상 퍼지지 않도록 막아 주는 기능을 하기 때문이다. 대다수의 사람이 항체를 갖고 있다면 항체를 갖지 않은 소수의 사람도 보호받을 수 있다.

문제는 엄청난 노력을 들여 힘들게 백신을 만들어도 바이러스의 변이가 일어나면 기존의 백신은 무용지물이 될 수 있다는 점이다. 독감바이러스를 예로 들어 보자. 한번 맞으면 평생 다시 맞을 필요가 없는 천연두 백신이나 소아마비 백신과 달리 독감 예방접종은 매년 해야 한다. 왜냐면 독감바이러스가 종류도 많고 돌연변이도 잘 일어나기 때문이다. 그래서 매년 유행할 바이러스를 예상해서 백신을 만들지만 예상을 벗어난 독감바이러스가 유행해 사람들을 괴롭히기도 한다. 다행히 독감바이러스는 타미플루처럼 치료제인 항바이러스제도 개발되어 있다. 지금은 코로나19에 대한 백신과 치료제 개발에 전 세계가 골몰하고 있다. 전염 정도를 줄이기 위한 노력은 더 이상의 희생자를 만들지 않기 위해서이다.

바이러스에게 의지가 있는 것은 아니지만, 모든 생물이 그렇듯이 끊임없이 돌연변이를 일으켜 진화하며 후손을 남길 확률을 계속 높이고 있다. 지금 인류는 스스로가 가진 과학기술로 세상에서 가장 빠른 바이러스의 진화 속도를 따라잡고 뒤처지지 않으려고

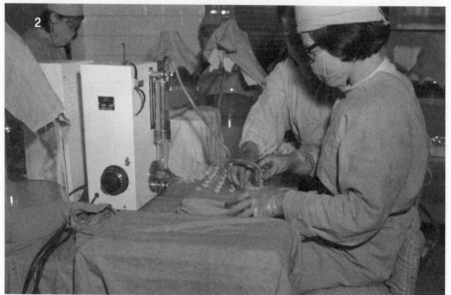

● 1. 2020년, 국내 연구소의 코로나19 바이러스 백신 개발 모습.
● 2. 1963년, 전국 콜레라 대유행 당시 백신 생산 모습.

엄청나게 애를 쓰고 있다.

왜 자꾸만 새로운 바이러스가 인간을 공격할까?

21세기에 접어들며 인류는 조류독감, 사스, 메르스, 코로나19와 같은 신종 바이러스의 공격을 몸으로 체험하고 있다. 그 빈도는 이전 세기에 비하면 아주 뚜렷하게 높아졌다. 이들의 공통점은 무엇일까? 바로 혜성같이 등장했다는 것이다. 인간에게는 달갑지 않은 존재이지만, 지구의 역사에서는 그 이전에 없던 새로운 존재라는 점에서 '혜성 같다'는 비유가 오히려 적절할지 모른다. 이 신종 바이러스들의 공통점은 인간에게 낯선 새로운 바이러스이고, 치사율이 비교적 낮지 않으며, 전염 속도도 매우 빨라 전 세계를 긴장시켰다는 점이다.

사실 지구상에는 바이러스가 정말 많이 있다. 그러나 대부분은 존재감이 없다. 감기만 해도 그렇다. 감기를 일으키는 수십 가지 바이러스가 있지만, 사람들은 그 어느 하나에도 관심이 없다. 감기는 워낙 흔하고 익숙한 질병인 데다 몸살, 기침, 콧물 등으로 우리를 힘들게 해도 굳이 바이러스의 정체를 밝혀 약과 치료법을 만들 만큼 증상이 심하지 않기 때문이다. 감기약은 없다. 우리가 알고 있는 감기약은 감기의 '증상'을 가라앉히는 약이지, 감기를 일으키는 바이러스를 공격해서 제거하거나 방해하지는 않는다. 하지만 신종 감염병을 일으키는 바이러스는 치사율이나 후유증, 전염성 등에서 약과 치료법을 고민하지 않을 수가 없다.

먼저 조류독감바이러스를 살펴보자. 조류독감바이러스가 사람을 감염시킨 사례는 1997년 홍콩 감염 이후로 꾸준히 보고되고 있다. 아직은 사람이 사람에게 전파한 사례는 거의 없는 것으로 보이지만, 동물에게서 조류독감에 감염된 사람이 여럿 사망한 일은 큰 충격이었다. 조류독감은 말 그대로 새가 걸리는 독감이다. 그런데 왜 사람이 조류독감에 감염되어 죽기까지 할까? 앞서 이야기한 바이러스 변이가 일어났기 때문이다. 2003년부터 2014년까지 여러 나라에서 보고된 사례를 종합하면, 조류독감 감염자 중 평균 60퍼센트 정도가 사망했다. 만약 조류독감이 사람 간 전파력을 갖게 된다면 정말 무서운 일이 벌어질 것이다.

돼지독감 또는 멕시코독감이라고 불리는 신종플루는 돼지가 걸리는 독감이었다. 사람과 돼지 사이에는 공통으로 감염되는 독감바이러스가 꽤 많은 편이다. 신종플루바이러스는 조류, 돼지, 인간의 독감바이러스가 뒤섞여 탄생했다. 돼지 몸이 마치 혼합용 그릇처럼 사용돼 새로운 조합의 바이러스가 만들어진 것이다. 이 바이러스는 인간에게 감염된 적도 없고 의학계에 보고된 적도 없는 신종 독감바이러스였다. 이 바이러스가 인간에게 얼마나 위험할지, 어떤 영향을 끼칠지 알 수 없었기에, 전 세계는 신종플루를 극복하려고 큰 노력을 기울였다. 당시에 우리나라에서도 신종플루를 과대평가해 지나치게 반응했다는 비판이 많았을 정도로 신종플루에 대한 두려움은 컸다.

2015년 우리나라를 큰 혼란과 공포에 빠뜨렸던 메르스도 오래전 박쥐에게서 낙타에게로 옮겨진 코로나바이러스가 다시 낙타에게서 인간에게로 옮겨졌다고 추정된다. 닭, 오리와 같은 가금류를 집단으로 사육하는 곳이 많은 동남아시아에서 조류독감의 인간 감염이 많듯이, 메르스는 낙타와 접촉이 많은 중동 지방에서 발생했다.

잘 살펴보면 조류독감, 사스, 신종플루, 메르스 모두 인간이 아닌 다른 종에 적응하거나 길들여진 바이러스였다는 걸 알 수 있다. 코로나19도 마찬가지이다. 이 바이러스들은 박쥐, 돼지, 낙타 등 동물 숙주 사이에서 전파되면서 변종을 만들다가, 인간과 접촉할 기회가 생겨 인간을 감염시켰다. 이처럼 신종 바이러스는 대부분이 인수공통 감염병 바이러스이다. 이런 인수공통 감염병이 우리에겐 낯설게 느껴지지만, 사실 이런 바이러스의 출현은 옛날에도 있었다. 천연두는 3000~4000년 전, 인간이 야생동물을 가축으로 길들이기 시작하면서 사막쥐의 한 종류인 저빌이라는 설치류와 낙타를 거쳐 인간한테로 넘어온 것으로 추정된다. 이처럼 동물에게서 인간에게로 바이러스가 넘어오는 과정을 과학적으로 규명하기 위해 많은 연구가 진행되고 있다.

신종 바이러스의 출현이 옛날에도 있었다면, 지금 우리에게 중요한 질문은 예전보다 그 빈도가 높아진 이유가 무엇이냐는 것이다. 질병의 원인을 밝혀낼 수 있는 과학기술이 예전보다 발달했기 때문일 수도 있다. 예전에는 모르고 지나쳤던 질병의 원인을 지금은 밝혀낼 수 있어서다. 아니면 바이러스의 돌연변이가 일어날 확률이 더 높아졌을까? 하지만 본래 숙주세포에서 진행되던 복제 과정이 달라진 것도 없는데 특별히 돌연변이가 더 잘 일어날 이유는 없다. 혹시 바이러스가 새로운 숙주로 전염된 것이 그 이유이지 않을까? 새로운 환경에서는 돌연변이가 일어날 가능성이 더욱 높아진다. 그리고 새로운 숙주한테로 건너갈 가능성도 더욱 커진다. 결국 신종 바이러스의 출현에 영향을 끼치는 가장 큰 원인은 예전에 없던 '만남'이 증가했기 때문이라고 볼 수 있다.

박쥐와 돼지의 잘못된 만남이 이루어졌다, 인간 때문에

신종 바이러스가 생겨나려면 여러 조건이 맞아떨어져야 한다. 우선 바이러스가 숙주에 침투해서 증식이 일어나야 한다. 그리고 바이러스의 돌연변이가 일어나야 한다. 마지막으로 기존의 숙주가 다른 종의 숙주와 만나 바이러스를 옮겨야 한다. 영화 〈컨테이

견Contagion, 2011년〉의 "어디선가 잘못된 박쥐와 잘못된 돼지가 만난 거지."라는 대사처럼, 숙주 사이에 만남과 감염이 일어나야 하는 것이다. 이러한 만남이 이루어지는 장소는 숲이 될 수도 있고, 숲 가까이에 있는 가축 사육장이 될 수도 있고, 야생동물을 사고파는 시장이나 야생동물의 고기를 다듬는 주방이 될 수도 있다. 이런 곳의 동물들이 바이러스가 인간한테로 넘어오는 데 징검다리 역할을 한다. 사스가 퍼지자, 사향고양이가 바이러스를 옮기는 중간 숙주라는 말에 사향고양이에 대한 대대적인 사냥이 벌어졌다. 하지만 사향고양이에게 무슨 잘못이 있을까? 돌연 등장한 그 바이러스는 사향고양이를 감염시킬 수 있을뿐더러 사람을 감염시키고 사람 간의 전파 능력도 갖춘 바이러스였다. 다만 사람에게 옮아올 기회가 적었는데 인간이 멋대로 사향고양이를 잡아 야생동물 시장에서 사고판 까닭에 바이러스가 인간에게 넘어올 기회가 생겼을 뿐이다.

불행히도 인간이 이러한 만남의 기회를 엄청나게 증가시키고 있다. 인간은 생존과 이익을 위해 숲을 파괴하고, 땅과 바다를 오염시켜 왔다. 인간이 지구에서 차지하는 면적이 넓어지고 지구를 망가뜨리는 동안 다른 생물들은 살 곳을 잃었다. 많은 동물이 인간이 만든 농장, 공장과 도로에 밀려 살 곳을 **빼앗**기고 멸종 위기에 몰렸다. 동물 입장에서는 살아갈 영역이 줄어들면서 종의 개체 수도 줄어들고 유전적 다양성도 감소하고 있다. 이렇게 내몰린 동물들은 살기 위해 인간의 영역으로 들어올 수밖에 없다. 그 동물들을 숙주로 삼는 바이러스도 마찬가지이다. 동물들이 내몰리는 동안 바이러스도 생존의 위협을 받는다.

숙주와 함께 밀려나고 쫓겨난 바이러스는 멸종하든지, 아니면 새로운 숙주를 찾아야 한다. 바이러스에게 숙주는 곧 서식지이기 때문이다. 멸종 위기에 처한 숙주보다 더 안정적인 숙주를 찾는 바이러스에게 수십억 인류는 그야말로 사막의 오아시스이다. 숫자도 어마어마하게 많은 데다 도시에 바글바글 밀집해 살며, 전 세계를 돌아다니며 서로 끊임없이 접촉한다. 무엇보다 감염된 가축은 살처분하면서도 신종 바이러스가 발생한다고 해서 인간 감염자를 살처분하지는 않는다. 인간을 숙주로 삼아 안착에 성공만 한다면 바이러스는 대대손손 이어 갈 수 있다.

그러다 보니 인간은 바이러스에게 너무나 매력적인 최고의 숙주가 되고 말았다. 바이러스가 특별히 인간을 표적으로 삼은 것도 아니고, 특별히 인간을 좋아해서도 아니다. 지구에 인간이 너무 많이 존재하고, 그 인간들이 이미 넓은 영역을 차지하고 있기 때문이다. 어찌 보면 바이러스는 인간이 몰아내는 동물들에서 인간으로 숙주 갈아타기를 하려는 것뿐이다. 자신의 영역을 유지하기 위해

서 말이다. 신종 바이러스가 인간을 찾아온 것일까, 아니면 인간이 바이러스를 초대한 것일까? 어쨌든 우리가 처한 현실은 바이러스가 맹렬히 숙주 갈아타기에 도전하고 있고, 인간은 보건 시스템과 의학 기술로 바이러스의 숙주 갈아타기를 죽을힘을 다해 막아 내고 있는 형국이다.

우리가 바이러스를 초대했다면, 이제 무엇을 해야 할까?

바이러스 감염병의 대유행을 감시하고 막아 내는 것을 우리는 '질병을 관리한다' 또는 '질병을 통제한다'라고 표현한다. 이런 감염병을 사전에 차단하기는 매우 어렵다. 자연에는 수많은 바이러스가 존재하고, 이들은 우리 눈에 보이지도 않는다. 바이러스를 하나하나 감시할 수는 없는 일이다. 사실상 감염병의 발생을 계기로 바이러스의 존재를 알 수 있다. 그래서 가능한 한 발생 초기에 확산되지 않게 막는 것이 중요하다. 마치 산불을 잡듯이 대처해야 한다. 산불은 초기에 막지 못하면 온 산을 다 태우고 나서야 끝난다. 산불이 끝나고 산에는 새로운 생명이 태동하겠지만, 이미 많은 것을 잃은 뒤이다.

마찬가지로 신종 바이러스 감염병이 발생했을 때 가장 중요한 건 초기에 차단하는 것이다. 초기에 차단한다는 것은 감염자와 감염경로를 명확하게 파악해 통제하고, 지역으로의 감염을 막아 내는 것이다. 사스를 우리나라가 초기에 차단하는 데 성공했던 것이 좋은 예이다. 메르스도 병원 내 감염이 많이 일어나긴 했지만, 지역으로의 확산은 막아 낼 수 있었다. 코로나19는 이와는 달리 지역화되어 인간 사회 정착에 성공하는 코로나바이러스가 될지도 모르겠다. 바이러스 감염병이 지역화되어 '집단면역' 상태에 이른다면 유행하는 바이러스의 전염력은 지금보다 클지라도 치사율은 낮아질 수 있다. 계절성 독감과 같은 질병이 될 수도 있고, 그냥 감기 수준의 바이러스 질병이 될 수도 있다. 그렇지만 그 상태에 도달하기까지 많은 사람이 생명을 잃을 수 있는데, 그 정도를 예측할 수 없기에 우리는 애써 확산을 막아 내고자, 또는 그 속도를 늦추

고자 '방역'에 힘쓰는 것이다.

"한두 사람 건너면 다 친구"라는 말이 있듯이, 인간 사이의 관계망은 알고 보면 매우 좁다. 촘촘한 그물망으로 엮여 있기 때문이다. '거리 두기'가 꼭 필요한 이유이다. 바이러스성 감염병은 2차, 3차 감염이 시작되면 거의 통제가 불가능해진다. 1차 감염자를 이른 시간 안에 진단해서 확진자를 격리하고, 이 사람이 접촉한 사람들에게 경고와 동시에 관찰을 진행하는 것이 효과적이다. 이를 위해 질병관리청은 감염자들이 어떤 경로로 감염되었는지 빠르게 알아내야 한다. 감염경로를 알아야 질병을 통제할 수 있고, 확산을 막기 위한 차단과 격리를 명확하게 실천할 수 있다. 감염경로와 양상 등을 조사하는 것을 '역학조사'라고 한다. 우리나라의 빠른 진단과 비상 방역 체계는 세계적으로도 모범적이라고 인정받았다.

우리나라가 이러한 체계를 갖춘 것은 IT 기술의 영향도 있지만, 사스와 메르스 등의 바이러스 감염병을 겪으면서 이 체계들을 다져 온 덕분이다. 특히, 메르스를 겪으면서 역학조사 체계와 격리 병상 확보가 잘 이루어졌다. 이러한 방역 체계는 나라마다 차이는 있지만, 계속되는 신종 바이러스 감염병을 겪으며 그동안 계속 다듬어져 왔다. 신종 바이러스 감염병의 발생 위험을 국가별로 감시하고, 세계보건기구와 국가별 방역망이 감염병의 확산을 막기 위해 협업한다.

과학계는 원인 바이러스를 밝혀내고 바이러스에 대한 백신과 치료 방법을 만들어 내려고 노력한다. 시민들은 자발적으로 방역 지침을 준수하려 애쓰고 고통을 분담한다. 계속되는 신종 바이러스의 발생은 인간 사회가 방역 체계라는 면역력을 갖추도록 하고 있다는 점에서 일종의 사회적 백신이다. 방역 체계는 전문가들에 의해서만 실행될 수는 없다. 특히, 지역으로 감염이 확산되는 상황에서는 시민 의식이나 사회적 공동 행동이 매우 중요하게 작용한다. 그런 면에서 코로나19는 방역 체계와 시민 의식 등을 포함해 신종 바이러스에 대한 사회적 대응의 수준을 높여 주었다.

온 세계가 백신 개발에 희망을 걸고 있지만, 백신이 개발되어도 어려움들은 존재한다. 물량이 부족하면 어떻게 할지, 누구부터 맞아야 할지 등 접종의 우선순위를 결정하는 것은 어려운 일이다. 가장 중요한 질문은 백신이 바이러스 감염병을 종식시킬 수 있느냐이다. 바이러스 감염병은 종식되지 않고 주기적으로 발생하는 유행성 감염병으로 자리 잡는 일이 많다. 백신은 우리가 코로나19와 공존하는 상태로 적응하는 과정을 덜 고통스럽게 진행할 수 있도록 돕는 역할을 할 수 있을 뿐이다.

코로나19 이후 제2, 제3의 신종 바이러스에 대해서는 어떨까? 우리의 방역 체계가 그만큼 견고해졌으니 더욱 잘 견뎌 낼 수 있을까? 우리가 적응하고 대비하기에는 너무 크고 빠른 변화들이 일어나고 있고, 우리는 결국 신종 바이러스가 나타난 뒤에야 대응할 수 있다. 실제로 바이러스를 계속 감시하는 과학계의 노력도 있다. 별로 주목받지 못하지만 이미 장기적으로 야생동물의 몸에서 코로나바이러스 같은 인간에게 위협이 될 수 있는 바이러스들을 꾸준히 채취해서 감시하고 있다. 특히, 사스 이후로 박쥐를 숙주로 하는 각종 바이러스에 대한 연구를 활발하게 진행하고 있다. 그러나 신종 바이러스 발생을 조기에 예측하고 대응할 정도의 경보 시스템까지는 매우 어렵다.

코로나19와 함께한 2020년 여름은 긴 장마와 폭우까지 겹쳐 지구에 대한 인간의 행동을 돌아보게 했다. 많은 이들이 언택트, 온택트, 디지택트 등 인간들 사이의 접촉 방식을 고민한다. 그러나 정작 우리가 해야 할 것은 우리가 속한 지구 생태계를 위한 행동과 변화이다. 이제 우리는 자연이 보내온 경고에 답해야 한다.

3
공장식 축산

안녕하세요?
비인간 동물님들!

나는 가까스로 살아남았어. 내가 누군지 눈치챘니?

사람들은 흔히 '동물과 인간'이라는 표현을 사용한다. 인간과 동물은 다르다는 생각이 무의식적으로 깔린 말이다. 그런데 가만히 생각해 보면, 인간도 동물의 한 종류이다. 동물의 한 부분인 인간을 큰 단위와 동격으로 비교하는 것이 조금 이상하다. '과일과 딸기', '음료수와 사이다'처럼 '동물과 인간'도 어색하게 느껴져야 한다.

익숙한 생각을 낯설게 만들기 위해 '인간 동물과 인간이 아닌 동물', '인간 동물과 비인간 동물'이라고 말해 보자. 인간도 동물의 한 무리라는 생각의 끈을 놓지 않기 위해서. 이야기를 시작하기 전에 먼저 들려줄 목소리가 있다.

내 고향은 부화장. 엄마를 본 적은 없어. 태어나자마자 벨트 컨베이어 위에서 선별되어 살아남았지. 이래 봬도 약골은 아니야. 여기서 살아남으려면 동물의 본능이 아니라 상품성이 중요하다고 일하는 사람들이 말했어. 이곳에는 나와 같은 날 태어난 친구들이 가득해. 숫자가 너무 많다 보니 스트레스를 받아 우리끼리 서로 쪼아서 죽일까 봐 모두 부리를 잘렸어. 여기 한 동에만 전부 1만 마리 정도 살고 있지. 은은한 주황색 전등이 24시간 내내 켜져 있고, 따뜻해. 빛이 너무 밝으면 우리가 많이 움직여서 살이 안 찐다고 촛불 같은 밝기로 비춰 준대. 밥과 물은 커다란 기계에서 나와. 매일 일하는 사람들이 돌아다니면서 자고 있는 친구들 사이에서 죽은 아이들을 골라내. 다리를 저는 친구들도 그들 손에 잡혀서 상자로 던져져. 어제는 80마리가 넘는 친구들이 상자에 던져져서 냉동실로 가고 말았어.

오늘은 태어난 지 4일째. 노란 깃털이 난 날개 끝에 흰 깃털이 손톱만큼 자라기 시작했어. 이제는 일하는 사람들이 친구들을 살펴보고서 아프지 않아도 몸집이 작으면 상자에 던져 넣어. 왜 그러는지 모르겠어. 어쩌다 사람들을 피해 도망가는데, 잡히면 버둥거리다가 발톱으로 할퀴게 될 때가 있어. 그럼 그 자리에서 목이 비틀리고 말지. 목이 비틀린 채 죽지도 못하고 바닥에 던져져 가느다랗게 떨던 친구들의 슬프고 화난 눈을 잊을 수가 없어.

9일째. 성장촉진제와 각종 약품이 들어간 사료를 먹어서 그런지 몸이 쑥쑥 자라고 있어. 특히 엉덩이가 많이 통통해졌어. 흰 날개도 제법 자라서 하얀 긴팔 옷 위에 노란 반팔 티셔츠를 입은 것 같아졌어. 공간이 점점 비좁아지고 있어. 일하는 사람들은 여전히 작은 친구들을 잡아서 상자나 벽에 던지고 있어. 몸집이 작은 친구들을 빼내지 않으면 주인이 와서 화를 내. 사룻값이 얼마인 줄 아느냐며 소리를 지르지. 일하는 사람들이 게을러서 빼내지 않는 건 아니야. 작은 친구들을 잡아서 던질 때 그 사람들도 슬퍼 보였거든.

13일째. 오늘은 커다란 차가 와서 우리 몸에 백신주사를 놨어. 태어나서 한 번 맞고, 이번이 두 번째야. 아프지 말라고 놔 주는 거라는데, 우리가 아플 거라는 걸 미리 알고 있다는 거잖아? 우리가 아프면 제값을 받지 못한다고 했어.

20일째. 바닥이 축축해. 우리가 싼 똥과 오줌을 잘 치워 주지 않아서 옆에 있는 친구는 발에 염증이 생겼어. 걸을 때마다 아파해. 냄새는 또 얼마나 고약한지 몰라. 일하는 사람들이 축축한 바닥을 말리려고 환풍기를 트는데 그러면 오줌똥 냄새가 더 심하게 올라오지.

25일째. 사료가 또 바뀌었어. 세 번째 사료야. 오로지 짧은 시간 동안 효율적으로 살을 찌우려고 설계된 사료래. 가슴살과 엉덩이 살이 급격하게 쪄서 무거워진 몸을 제대로 지탱하기 힘들어. 그래서 다리를 다친 친구가 많아. 심장이 안 좋아져서 날개를 펴다가 느닷없이 죽은 친구도 있어. 오늘은 내가 결국 잡혀서 던져지는가

싶었는데, 저울에 무게를 달아 보더니 그냥 내려놓았어. 휴, 조만
간 1.5킬로그램이 될 것 같아서 괜찮대.

32일째이고, 드디어 오늘 이곳을 떠나. 세상은 어떤 곳일까? 햇
빛을 볼 수 있겠지? 두렵지만 조금 설레기도 해.

'나'가 누구인지 알아차렸을 것이다. 그렇다. 우리에게 친근한
치킨을 만드는 '육계'이다. 온 국민의 영양 간식으로 야구 경기를
볼 때, 친구들과 모둠 발표를 마치고 뒤풀이할 때 먹는 바로 그 닭
튀김 요리. 육계는 태어난 지 30일 전후로 도축되어 치킨으로 부활
한다. 전 국민이 사랑하는 치킨. 알고 보면 우리는 어린 병아리를
억지로 급성장시켜 먹어 치워 버리는 셈이다. 가장 값싸게, 양 많
고 빠르게, 부드럽게 먹기 위해 누가 어떤 희생을 치르고 있을까?
이런 희생은 육계만의 것은 아니다.

달걀을 생산하는 '산란계'는 암컷이다. 유정란을 위해 소수의
수탉을 제외하고 수컷 산란계는 그냥 쓰레기 취급을 받는다. 유정
란이 아닌 달걀은 수컷이 필요 없다. 벨트 컨베이어 위에서 이제
막 태어난 수컷 병아리는 선별되어 대부분 통에 버려지거나, 초등
학교 앞에서 몇백 원에 판매되기도 한다. 남은 암컷들에게는 죽음
보다 더한 고통이 기다리고 있다. 동물의 삶은 대개 수컷보다 암컷
이 특히 더 고통스럽다. 암컷 산란계는 태어난 지 보름 또는 한 달
쯤 지나면 '배터리 케이지Battery Cage'라고 하는 가로세로 50센티

미터 남짓한 철망 안에 네 마리 안팎씩 밀어 넣어진다. 그 비좁은 곳에서 암컷 산란계는 죽기 직전까지 쉬지 않고 알을 낳아야 한다. 그래 봐야 2년이지만.

세상에서 가장 슬픈 공장

2018년 산란계 농장에 방문한 적이 있다. 모두 30만 마리를 키우는 곳이었는데, 주변이 아주 조용했다. 컨테이너 건물 다섯 개 동이 길게 늘어서 있을 뿐, 여기에 닭이 있나 싶었다. 주인의 안내를 받아 가까이에 있는 컨테이너 건물의 문을 여는 순간, 닭들이

울부짖는 소리가 여기저기서 들려왔다. 사실 처음부터 소리를 인지한 것은 아니었다. 닭의 배설물 냄새가 너무나 독해서 옷으로 코를 틀어막느라 주변을 살펴볼 여유가 없었다.

철망으로 만든 배터리 케이지가 끝도 보이지 않을 만큼 길게 늘어서 있었는데, 모두 8층으로 쌓아 올린 구조였다. 닭 한 마리에게 허락된 공간은 A4 종이 한 장도 채 안 되는 데다 한 케이지에 서너 마리 정도가 빠듯하게 모여 있어서, 서로의 존재가 스트레스의 원인이 될 것 같았다. 케이지 위층에서 누군가 똥을 싸면 철망 사이로 아래층들에 뚝뚝 떨어진다. 그렇게 철망에 묻고 닭들에게 묻으며 바닥에 떨어진 배설물은 닭장을 청소할 때 한꺼번에 치워 처리한다고 했다.

1층에서 8층까지 쌓아 올린 케이지에 벨트 컨베이어가 지그재그 모양으로 연결되어 전체적으로 한 라인을 구성했다. 라인 한 개당 4만 마리 정도의 닭이 알을 낳았다. 한 건물에 3개의 라인이 있었으니 컨테이너 한 동에 닭 12만 마리가 있는 셈이었다. 더 놀라운 점은 이 건물에 사람이 한 명도 없다는 사실이었다. 사료와 물은 기계로 돌아가고 있었고, 각 케이지 바닥이 벨트 컨베이어 쪽으로 살짝 기울어져 있어서 암탉이 알을 낳으면 자동으로 벨트 위로 얌전히 굴러간다. 벨트 컨베이어는 조용히 순환하면서 달걀을 건물 밖 세척 기계까지 배달한다. 사람이라곤 달걀이 세척되어 나오는 벨트 컨베이어 끝자락에 한 명이 서서 달걀을 포장하고 있을 뿐이었다.

날마다 알이 수만 개씩 생산되는 이곳은 생명이 사는 농장일까, 기계로 물건을 찍어 내는 공장일까? 컨테이너 건물의 문을 닫고 나오는 순간 창문 하나 없고, 빛 한 줄기 들지 않는 그곳에서 수십만 마리에 이르는 생명체가 고통스럽게 삶을 이어 가고 있다는 사실이 거짓말처럼 느껴졌다.

이렇게 많은 생명이 '보이지 않는 곳'에 '존재'하고 있다. 살아 숨 쉬는 생명을 공장에서 생산해도 될까? 생명은 어떤 과정을 어떻게 거쳐 음식이 될까? 우리 식탁 위에 자주 오르는 음식인 치킨은 본래 어떤 생명이었을까?

2019년에 대한민국에서 도축된 닭의 수는 대략 9억 5000만 마리였다. 소는 77만 마리, 돼지는 1770만 마리가 넘었다. 다시 말해, 2018년 통계를 기준으로 소는 서울시 송파구에 사는 사람들 수약 67만 명보다도 많이 사라졌고, 돼지는 서울, 부산, 대구, 인천을 합한 인구수약 1850만 명만큼 도축되었다. 닭은 도시 인구수로는 계산이 안 될 만큼 많은 수이니 해마다 어느 나라 인구수만큼 사라지는지 짐작해 보라.

닭의 자연 수명은 품종에 따라 10~30년이다. 기억력이 좋지 못하고 어리석은 사람을 놀림조로 '닭대가리'라고 부르는데, 닭은 서로 다른 24종류의 울음소리를 내서 의사소통을 할 만큼 영민하다. 포식자가 접근할 때, 먹이를 발견했을 때 다 다른 소리를 내고 자신의 암컷을 부를 때 내는 소리도 다르다. 닭은 모래에 몸을 비비는 이른바 '흙 목욕'을 해서 진드기를 떼어 낸다. 그러나 배터리 케이지 안에서는 깃털 사이에 있는 진드기를 죽일 방법이 살충제를 제외하고는 없다.

살충제의 주성분인 피프로닐을 동물의 피부에 뿌리면 24시간 이내에 모낭을 통해 온몸으로 퍼지고, 한 달 이상 몸속에 머문다. 미국의 한 연구에 따르면, 피프로닐이 포함된 사료를 쥐에게 먹인 결과, 갑상샘암에 걸리고 체중 감소, 발육 장애, 출산 후 새끼의 생존율 저하 등이 발견되었다. 피프로닐이 사람 몸에 흡수되면 메스꺼움, 구토, 복통, 어지러움을 일으키고, 피프로닐에 오래 노출되면 간과 신장 등 몸속에서 유해 물질을 걸러 주는 장기가 손상되고 우울증 위험도 5.8배나 높아진다고 한다. 살충제를 뿌려도 진드기가 잘 죽지 않으면 더 강한 살충제를 많이 뿌릴 수밖에 없다. 이런 과정을 반복하면 당연히 닭이 낳은 달걀에도 살충제 성분이 들어간다. 이런 살충제 달걀이 인간 동물에게 좋을 리 없다.

그렇다면 왜 닭에게도, 인간 동물에게도 고통스러운 배터리 케이지에서 닭을 키울까? 좁은 땅에서 많은 닭을, 그것도 돈을 가장 싸게 들여 키울 수 있기 때문이다. 바꿔 말하면 가장 저렴하게 고기를 많이 먹기 위해서다. 대량 소비를 위한 대량 생산이다. 이렇게 고기를 생산하는 것이 바로 공장식 축산이다.

많은 사람이 고기를 좋아한다. 공장식 축산으로 길러지는 생명의 고통을 생각하면 불편한 마음이 생기다가도, 그렇다고 고기를 안 먹을 자신은 없다. 아는 것이 힘이기도 하지만, 이럴 때는 아는 것이 고통이고 불편함이다. 우리는 살기 위해 무언가를 먹어야 한다. 인간 동물은 식물성·동물성 음식을 모두 섭취하는 잡식동물이다. '잡식동물이 고기를 먹는다는데 그게 무슨 문제가 될까?' 라고 생각할 수 있다. 물론 그 자체는 이상할 게 없다. 그러나 고기를 먹는 즐거움과 먹기 위해 길러지는 생명의 고통을 견주어 생각하면 스스로에게 여러 질문을 해 볼 수 있을 것이다. 정해진 답이 있는 것은 아니니 각자의 방식으로 어떤 선택을 하고 있는지 돌이켜 보고, 할 수 있는 만큼 노력하면 좋겠다. 음식이 되는 생명이 어떤 방식으로 길러지고 있는지 관심을 가지고 지금처럼 공부하는 것도 우리가 할 수 있는 여러 노력 중 하나이다.

🐾 싸고 양 많으면 그걸로 됐다는 너에게

공장식 축산 방식이 인간 동물의 건강에는 좋을까? 앞서 말했던 살충제뿐만 아니라 사료에 들어가는 성장촉진제로 인해 성조숙증이 일어날 수 있다. 또 우리나라는 2018년 기준으로 비인간 동물에게 항생제를 무려 720톤가량이나 사용하는 만큼 항생제 내성이 증가할 수도 있다. 항생제는 사람과 동물이 세균에 감염되었을

때 치료하는 약이다. 너무 자주, 너무 많이 쓰면 세균이 항생제에
적응해 내성이 생긴다. 그러면 큰 병에 걸렸을 때 항생제가 듣지
않아 치료가 어려워지고 심하면 사망에 이르게 된다.

해마다 겨울이면 우리를 불안에 떨게 하는 A형 독감으로 자리
잡은 신종플루의 원인도 비인간 동물을 고밀도로 사육하는 공장
식 축산에 있다. 비인간 동물에게 구제역, 아프리카돼지열병, 조류
독감 같은 감염병이 발생하면 수많은 생명이 산 채로 살처분을 당
한다. 비인간 동물들을 위해서가 아니라 이들을 먹는 인간 동물들
이 아플까 봐 미리 대량 학살을 하는 것이다. 이들을 살처분하는
사람들은 누구일까? 살아 있는 생명을 기꺼이 죽이고 싶어 하는
사람은 아무도 없다. 살처분을 감당하는 이들이 후유증을 앓거나
과로로 사망하는 일은 생각보다 자주 일어난다. 먹기 위해 길러지
는 생명들의 고통이 정말 나와는 상관없는 일일까?

지금과는 다른 길을 걸어갈 수도 있다. 유럽에서는 이미 1999년
에 산란계의 보호를 위한 최소 기준을 마련했고, 2012년부터는 농
장에서 배터리 케이지의 사용을 전면 금지했다. 이를 지키지 않고
어길 경우 달걀의 판매를 금지한다. 영국은 2000년에 '농장동물복
지규약'을 만들어 산란계, 육계 등과 같은 농장의 모든 가축을 위
한 기본 틀을 마련했다. 독일도 2010년부터 배터리 케이지의 사육
을 금지했다. 다행히 우리나라에서도 동물 복지 농장이 조금씩 증
가해서, 2019년에는 250개 이상의 농장에서 비인간 동물들이 고

● 2018년, 구제역으로 김포의 한 농장에서 돼지를 살처분하고 있다.

통, 두려움, 괴롭힘 없이 건강하고 안전하게 본래의 습성대로 자라고 있다.

하지만 동물 복지 농장을 운영하려면 사육하는 동물의 수를 줄이거나 농장의 면적을 늘려야 한다. 건강한 사육 조건에 맞추려면 추가 시설도 갖추어야 한다. 공장식 사육보다 운영 비용이 더 많이 들기 때문에, 최소한 2~3배 비싼 가격에 달걀과 고기를 팔 수밖에 없다. 가뜩이나 비싸서 주머니 사정 생각하느라 자주, 많이 먹지 못하는 게 고기이다. 그런데 지금보다 더 많은 돈을 내야 한다고?

만약 공장식으로 길러진 육류와 동물 복지로 길러진 육류의 가격이 같다면 어떤 육류를 먹고 싶은가? 이왕이면 건강하게 길러진 것이 우리 몸에도 좋지 않을까? 건강을 생각하지 않더라도, 같은 가격에 다른 생명의 고통을 선택하는 사람은 아무도 없을 것이다. 우리가 알면서도 동물 복지 방식을 쉽게 선택하지 못하는 이유가 단지 비용과 가격 때문이라면, 그런데 공장식 축산도 결코 저렴한 비용이 드는 방식이 아니라면 어떨까?

자세히 보면 답이 보인다. 공장식 축산으로 길러진 육류 가격에는 구제역, 조류독감 같은 감염병이 돌 때마다 들어간 살처분 비용, 방역 비용, 보상 비용, 땅에 묻은 사체에서 흘러나온 침출수로 인한 수돗물 개선 비용 등이 전혀 포함되어 있지 않다. 이 돈은 모두 우리가 내는 세금에서 치러진다. 2000년부터 2018년까지 조류독감과 구제역 살처분에 사용된 국가 재정은 무려 4조 3741억 원에 이른다. 공장식 축산 때문에 감염병이 창궐하는데, 세금을 들여 그 손해를 막아 가며 공장식 축산을 유지하는 게 과연 현명한 방법일까?

동물 복지 방식보다 싸다고 알고 있던 고깃값이 사실은 전혀 싸지 않았던 것이다. 공장식 축산으로 기르면 면역력이 떨어져 병들어 죽는 비인간 동물이 많다. 하지만 동물 복지 농장의 비인간 동물들은 건강해서 오히려 생산성이 더 높다. 스트레스를 받지 않은 돼지의 지방에는 포화지방산보다 불포화지방산이 너 많아 우리 몸의 혈액순환에 도움이 된다. 비용도, 생산성도, 상품성도 더 뛰어난 방식을 망설일 이유가 있을까?

⬤ 함께 행복하려면 죄책감이 아니라 즐거움이 필요해

이 글을 시작할 때 "인간과 동물은 다르다."라는 말을 다시 생각해 보자고 했었다. 수평적 의미의 '다르다'가 아니라 수직적으로 우리가 다른 동물들보다 우월하다는 생각이 그들을 착취하고 고통스럽게 만들어도 괜찮다고 정당화하고 있을지도 모르기 때문이다. '주인은 노예보다 우월하니까, 백인은 흑인보다 우월하니까, 남성은 여성보다 우월하니까'라는 이유를 들어 그동안 수많은 차별과 폭력을 당연하게 받아들여 왔다.

초원의 배고픈 사자가 어린 얼룩말을 잡아먹는 것은 당연하다. 그러나 사자는 얼룩말을 가두어 놓고 고통스럽게 키워서 먹지는 않는다. 그리고 사자가 아무리 우수한 근력과 가속력으로 얼룩말을 잡을 수 있다 해도, 쫓기는 얼룩말은 사자가 자신을 덮치는 마지막 순간에 날카롭게 몸을 비틀어 내달려서 사자를 따돌릴 수 있다. 무엇보다 얼룩말은 무리 지어 생활하면서 무리 모두의 수많은 눈으로 사자의 공격을 피할 수 있다. 자연계 안에서 비인간 동물들은 오랜 시간에 걸쳐 각자의 방식으로 생존해 왔고, 이러한 관계는 일방적이지 않고 그물처럼 얽혀 있어서 생태계 안에서 조절이 이루어진다.

그러나 현재 인간 동물은 서로 '다른' 존재인 비인간 동물을 일방적으로, 게다가 폭력적으로 바라보고 대하고 있다. 우리가 미처 의식하지 못한 사이에 인간 동물이 비인간 동물에게 가하는 폭력을 당연하게 받아들일 때 인간 동물들 사이에서, 사람들 사이에서 힘의 우위에 따라 일어나는 폭력도 당연하게 받아들이기 쉽다.

사실 공장식 축산이나 동물 복지를 이야기할 때 가장 경계해야 하는 점은 죄책감에 사로잡히는 일이다. 이런 이야기는 유쾌하지 않다. 누군가의 고통 위에 서 있다는 사실이 괴롭고, 나의 행동이 너무 무겁게, 또는 너무 가볍게 느껴지는 까닭이다. 괴로움과 죄책감에 사로잡히면 처음에는 분노하다가도 나중에는 그 무게에 짓눌려 피하고 싶고, 관심을 돌리고 싶어진다. 잠깐 뜨겁게 움직이는 것보다 시간이 걸리더라도 꾸준히 변화를 시도하는 게 중요하다. 쉬운 일은 아니다. 특히 자신의 습관과 관련한 변화는 더욱 더디고 어렵다. 나는 고기가 먹고 싶은데 비인간 동물이 고통스럽다고 하니, 먹고 싶은 욕구를 고통스럽게 참는다. 누군가의 고통을 줄이기 위해 내 고통을 만들어 내는 것도 모순 같아 보인다. 그럼 어떻게 하면 좋을까? 마음만 앞세우지 말고 천천히, 꾸준히 먼 길을 가야 한다. 내가 즐거워야 함께 행복할 수 있다.

우선, 천천히 시도해 보자. 갑작스러운 변화는 쉽게 포기를 부른다. 내가 지금 할 수 있는 만큼만 실천해 보자. 고기를 먹지 않을 수 있으면 좋겠지만, 먹어야 한다면 정부가 인정한 동물 복지 축산물을 먹자. 고기를 먹을 때는 고마운 마음으로 적당히 먹도록 노력하자. 고기 먹는 양을 조금 줄여도 좋고, 횟수를 줄여도 좋다. 일주일에 하루 또는 한 달에 하루 '고기 먹지 않는 날'부터 시작해도 괜찮다. 꾸준히 할 수 있으면 더 좋다.

혹시 채식을 하고 싶다면 성장기에 영향 불균형이 오지 않도록 미리 식단을 공부하고 좋은 채소와 과일 등 스스로 먹거리를 챙겨야 한다. 그래야 건강하게 오래 할 수 있다. 무작정 고기 먹는 횟수를 줄였다가 먹고 싶은 유혹을 이기지 못해 다 포기하고 고기를 더 많이 먹게 될 수도 있다. 습관을 바꾸는 것은 어렵다. '넘어져도 괜찮다. 다시 일어나면 된다.'라는 느긋한 마음을 가져야 한다. 어제 유혹에 넘어갔다면 오늘부터 다시 또 시작하면 된다.

무엇보다 즐거워야 한다. 고기보다 훨씬 맛있는 채식 식당을 찾아가도 좋고, 친구들과 고기가 들어가지 않는 음식을 하나씩 준비해서 파티를 열어도 좋다. 서로의 레시피를 확인하면서 즐겁게 식사할 수 있는 방법을 찾아보자. 이런 능력은 키우면 키울수록 좋다. 그러려면 함께할 친구가 있어야 한다. 정보도 공유하고, 어려움도 나누고, 공감도 하면서 우리가 왜 실천하려고 하는지, 실천을 통해 무엇이 변화되었는지 해석해 주고 지지해 줄 수 있는 친구들이 곁에 있으면 행복하다. 비인간 동물이 조금 더 행복하게 생존하는 방법을 고민하는 과정과 노력이 나의 행복과 연관될 때 즐겁고, 오래 할 수 있다. 비인간 동물의 행복은 인간 동물의 행복과 이어져 있다. 가장 중요한 것은 나도, 그리고 함께 살아가는 생명도 이 땅에서 행복하게 존재할 수 있는 길을 만들어 나가는 것이다.

4

로드킬

그때 그 길 위에서
너는 왜 피하지 못했을까?

🔴 길 위의 죽음

4월 26일 밤 9시 40분, 경기도 여주 왕복 2차선 도로 위에서 다친 고라니를 치우던 경찰관이 차에 치여 순직했다. 그는 도로에 고라니가 쓰러져 있다는 신고를 받고 출동해 고라니를 길가로 옮겨 두고 동료를 기다리던 중이었다.

7월 6일 새벽 3시, 충청남도 천안 근처 고속도로를 달리던 승용차가 멧돼지와 충돌했다. 차에서 내려 상황을 확인하던 운전자를, 뒤따라오던 승용차가 쓰러진 멧돼지를 타 넘고 미끄러지며 들이받았다. 잇달아 뒤따르던 화물차는 미처 속력을 줄이지 못해 앞 차량과 충돌했고, 처음 멧돼지를 친 운전자는 그 자리에서 사망했다.

● 황윤 감독의 다큐멘터리 영화 〈어느 날 그 길에서〉 (2006) 스틸 컷.

7월 24일, 전라북도 전주 삼천 변 근처 도로에서 차에 치여 죽은 암컷 수달이 전북 야생동물구조센터로 실려 왔다. 새끼를 낳은 지 얼마 되지 않은 듯, 갓 태어난 새끼도 함께였다. 어미를 잃은 새끼 수달은 저체온 상태로 생사의 갈림길에 섰다. 죽은 어미의 젖꼭지 에서는 아직 흰 젖이 흘러나오고 있었다.

12월 16일, 지리산 국립공원 북쪽 88고속도로에서 차에 치어 쓰 러진 어린 암컷 삵이 발견되었다. 서울대학교 환경계획연구소 로 드킬실태조사 팀은 사고로 기절한 삵을 순천 야생동물구조센터 로 옮겨 치료했다. 머리를 부딪친 것으로 보이는 삵은 뇌진탕 증세 가 있었고 오른쪽 다리를 절었다. 팔팔이라는 이름을 붙이고 정성 껏 보살피는 조사 팀과 구조센터 의료진의 노력에 보답이라도 하 듯이 삵은 빠르게 회복되어 퇴원했고, 이후의 재활 훈련에도 잘 적응했다. 조사 팀은 팔팔이에게 전파 발신 목걸이를 채우고 구례 근처 지리산 남서쪽 자락에 방사한 뒤 계속 위치를 파악했다. 며 칠 동안 팔팔이는 멀리 가지 못하고 근처 숲에 머물며 먹이 활동 도 잘하지 못해 조사 팀이 먹이를 공급해 주기도 했다. 그런데 2월 이 되자 팔팔이는 갑자기 고향을 향해 북진하기 시작, 일주일 남짓 동안 해발 700미터 고개인 밤재를 넘고 12개의 도로를 건너 2월 10일에 처음 사고를 당했던 고향 부근에 도착했다. 그리고 그로부 터 나흘 뒤인 2월 14일, 전파 발신기의 신호음이 끊겼다. 조사 팀

은 88고속도로를 조사하다 형체를 알아보기 어렵도록 처참하게
짓눌려 거의 땅바닥에 붙어 있는 삶의 사체를 찾아냈다. 그곳은
처음 팔팔이를 발견한 장소였다. 그리고 사체 옆에는 부서진 전파
발신기가 놓여 있었다.*

이 기록은 해마다 수만 건이 넘게 일어나는 로드킬 사고 중 단
네 개의 사례일 뿐이다. 동물이 도로를 횡단하거나 이동 중에 주행
하는 자동차 등에 치여 다치고 죽는 사고를 '로드킬'이라고 한다.
한마디로 동물 찻길 사고이다. 그러나 위의 사고 일지에서 보듯,
로드킬은 비단 동물들만의 문제가 아니다. 도로에서 갑자기 만난
동물을 피하려다, 이미 로드킬로 죽은 동물을 피하려다, 또는 로드
킬을 당한 동물의 사체를 치우려다 2차 사고를 당해 다치거나 목
숨을 잃는 사람도 드물지 않게 생겨나고 있다. 설혹 갑자기 맞닥뜨
린 동물을 미처 피하지 못해 차로 동물을 치고 자신은 다치지 않았
다 할지라도 그런 일을 겪은 운전자들은 한결같이 사고 후 정신적
고통을 호소한다.
　이처럼 인간과 동물 모두에게 고통을 안겨 주는 로드킬이 점점
증가하는 이유는 무엇일까? 로드킬은 그저 도로에서 우연히 일어

* 이 네 개의 이야기는 모두 실제로 일어난 로드킬 사례들이며, 특히 '팔팔이' 이야기
는 황윤 감독의 다큐멘터리 영화 〈어느 날 그 길에서〉에 나오는 로드킬 사고를 바탕
으로 했다.

나는 교통사고에 지나지 않을까? 세상에 도로와 자동차가 있는 한 로드킬을 피할 방법은 없는 걸까?

🔵 동물들은 자동차가 무섭게 달리는 도로를 왜 자꾸만 건너는 걸까?

　동물늘이 숲에서만 살지 않고 인간이 만든 도로로 내려와 사고를 당하는 걸 이상하게 생각하는 사람이 많다. 그러나 인간이 산과 들을 개발해 도로라는 인공물로 바꾸어 놓기 전까지 그곳은 동물들의 서식지, 즉 그들의 삶의 터전이었다. 사람이 살아가는 데 음식과 집 같은 자원이 필요하듯, 동물들 또한 살아가려면 여러 자원이 있어야 한다. 먹이를 구하고 잠을 자고 짝짓기를 하고 새끼를 낳아 기르려면 일정한 영역의 서식지가 꼭 필요한 것이다. 이렇게 동물이 살아가는 데 필요한 영역을 '행동권'이라고 부르는데, 동물들은 자신의 행동권을 날마다, 길어도 1~2주 안에 반복적으로 돌아다니며 살아간다.

　족제비와 함께 우리나라 숲에서 쉽게 볼 수 있는 동물인 너구리는 행동권이 작은 편이다. 사는 환경이나 개체에 따라 차이가 있지만, 보통 한 마리가 살아가는 데 최소한 1제곱킬로미터 정도가 필요한 것으로 알려져 있다. 그런데 우리나라는 전 국토가 촘촘한 도

[너구리와 삵의 행동권을 관통하는 도로들]

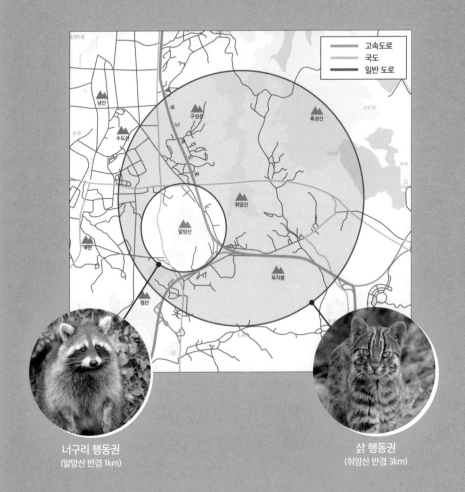

너구리 행동권
(말망산 반경 1km)

삵 행동권
(취암산 반경 3km)

우리나라 로드킬 최다 발생 장소인 충청남도 천안시 부근.
원은 말망산에 사는 너구리 행동권과 취암산에 사는 삵 행동권을 추정해 본 것으로,
얼마나 많은 도로가 야생동물들의 행동권을 관통하는지 짐작할 수 있다.

로망으로 연결되어 있어서 1제곱킬로미터당 약 1킬로미터의 도로
가 존재한다. 도로 밀도가 꽤 높다 보니 행동권이 작은 편인 너구
리조차 도로를 피해 생활하기가 어렵다.

　얼굴에 세로줄 무늬가 선명한 고양잇과 동물인 멸종 위기종 삵
은 행동권이 3~10제곱킬로미터 정도이다. 그러다 보니 생활하면
서 여러 개의 도로를 넘나들 수밖에 없다. 오랜 세월 한곳을 터전
삼아 자신만의 삶의 방식으로 살아오던 야생동물에게 어느 날 갑
자기 생겨난 도로는 생존을 위해 건너가야 하는 장소 이상도 이하
도 아니다. 그래서 그들은 살기 위해 날마다 죽음의 도로를 횡단하
고 또 횡단한다.

　새봄이 시작되는 3~4월은 양서류 로드킬이 가장 많이 일어나
는 시기이다. 두꺼비와 산개구리는 겨울잠을 자다가 날이 풀리면
알을 낳으러 물웅덩이를 찾아 길을 나선다. 양서류는 물속에 알을
낳는데, 알에서 나온 올챙이는 물속에서 아가미 호흡을 하며 살다
가 다 자라서 성체가 되면 땅으로 올라와 폐와 피부로 호흡하며 산
다. 만약 이들이 서식하는 숲과 알을 낳는 물웅덩이 사이에 사람이
도로를 만든다면, 성체는 산란하기 위해 도로를 건너야 하고 올챙
이에서 자라난 어린 개구리와 두꺼비도 숲으로 이동하기 위해 도
로를 건너야만 한다.

　그 길은 수천 년 동안 그들이 알을 낳으러 오르내리던 곳이다.
어느 날 인간이 만들어 놓은 도로 앞에서 그들은 다른 방도를 알

지 못하기에 그저 도로 위로 올라섰을 뿐이다. 그렇게 무수한 생명들이 달리는 자동차 바퀴 아래에서 꺼져 간다. 그 여린 생명체들은 너무도 작아서, 운전자들은 자신이 로드킬을 하고 있음을 자각하지도 못한 채 무심히 자동차로 밟고 지나간다. 질주하는 자동차 바퀴에 깔려 으스러지고 으깨진 주검들은 도로 바닥에 달라붙었다가 어느새 흩어져 버려 하루만 지나도 사람들은 그 흔적조차 알아보지 못하게 된다. 따뜻한 생명의 기운이 차가운 대지를 감싸는 봄날, 긴 겨울잠에서 깨어난 양서류들은 그렇게 하루에 수백 마리씩 길 위에서 죽어 간다.

봄이 깊어 가는 5~6월이 되면 고라니 로드킬 사고가 많이 일어난다. 고라니 로드킬 사고는 특히 5월에 많이 일어나는데, 1년이 채 안 된 새끼 고라니가 로드킬 당하는 비율이 76.2퍼센트나 되고, 그 중에서도 어린 수컷의 비율이 훨씬 높다. 왜일까? 5~6월은 고라니가 번식하는 계절이라서 1년 전쯤 태어난 어린 고라니들이 어미에게서 독립해 새 보금자리를 찾아 나서기 때문이다. 암컷은 자라도 어미의 영역을 크게 벗어나지 않지만, 수컷은 아비와의 영역 다툼을 피해 새로운 서식지를 찾아 멀리까지 길을 나선다. 그런데 촘촘한 도로로 조각난 서식지는 너무 작아서 도로를 지나지 않고는 새로운 영역을 찾기가 거의 불가능하다. 그렇게 한 살이 채 안 된 새끼 고라니들이 새 보금자리를 찾아 수 킬로미터에서 멀게는 수십 킬로미터를 이동하느라 필연적으로 도로를 건너게 된다. 이것이 5월에 어린 고라니들이 셀 수 없이 많이 길 위에서 죽어 가는 이유이다.

하늘을 날아다니는 새들은 어떨까? 놀랍게도 새들도 로드킬을 당한다. 새는 날 수 있으니 웬만해서는 차에 치여 죽는 일이 없을 것 같지만, 국립생태원의 조사 결과, 육상 척추동물의 로드킬 사고 중 조류가 차지하는 비율이 23.3퍼센트나 되었다. 새들이 항상 높이 난다면 차와 충돌할 위험이 적을 테지만, 키 작은 관목 사이나 풀로 뒤덮인 초지에서 초지로 날아다니며 먹이를 찾고 쉬는 새들은 로드킬에 취약할 수밖에 없다. 대표적인 새가 꿩이다. 꿩은 초지 사이를 날 때는 비행고도가 낮고, 특히 어린 꿩들은 나는 게 어설퍼서 낮게 날거나 도로 위를 걷다가 차에 치인다. 또 소쩍새같이 야행성을 띠는 조류도 로드킬을 많이 당하는데, 밤에 달리는 자동차 불빛에 비친 곤충을 잡아먹으려고 낮게 날다가 차와 충돌한다고 한다. 로드킬을 당한 동물의 사체를 쪼아 먹으려고 도로에 내려온 새들이 또다시 차에 치이는 '2차 로드킬'도 무시할 수 없다. 청소부 역할을 하는 까마귀나 까치가 주로 이렇게 희생된다. 로드킬로 죽은 고라니 사체를 먹던 독수리가 차에 치이는 일도 있다.

동물들이 피하지 못한 이유

밤에 도로를 건너려고 찻길로 들어선 고라니는 차량 불빛과 맞

닥뜨리면 도망가지 않고 오히려 그 자리에 얼어붙은 듯 서 있다가
로드킬을 당하고 만다. 동물들이 도로에서 차를 피하지 못하는 이
유는 무엇일까? 무서움에 꼼짝 못 하는 것일까? 아니다. 동물의 눈
안에 있는 '휘판'이라는 반사판 때문이다. 보통 휘판은 안구의 안
쪽, 망막 바로 뒷부분에 있는데 망막을 지나온 빛을 마치 거울처럼
다시 반사해 빛의 양을 늘려 주어 빛이 약한 밤에 잘 볼 수 있게 해
준다. 게다가 어두울 때에는 충분한 빛을 받아들이려고 홍채를 크

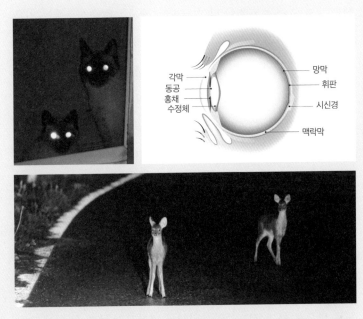

● 고양이 눈의 구조와 차량 불빛에 얼어붙은 도로 위 고라니들

게 여는데, 이때 갑자기 차량 불빛처럼 강한 빛에 노출되면, 모든 시각세포가 과도하게 흥분해서 일시적으로 눈이 멀게 된다. 이렇게 앞을 분간할 수 없는 상태에서 대부분의 동물은 일단 움직이지 않고 상황을 판단하려 하기 때문에 자동차가 강한 빛을 뿜으며 빠른 속도로 달려오면 미처 피하지 못하고 그 자리에 서서 그대로 차에 치이고 마는 것이다.

양서류나 파충류처럼 작고 천천히 이동하는 동물들이 차를 피하기는 더욱 어렵다. 이들은 길 위에 머무는 시간이 많은 데다 운전자의 눈에도 잘 띄지 않아서 쉽게 희생양이 된다. 앞에서 이야기했듯이 뱀 역시 로드킬을 많이 당한다. 변온동물인 파충류는 기온이 떨어지면 대사 활동에 필요한 열을 얻기 위해 햇볕을 쬐면서 체온을 높이는데, 낮 동안 햇빛을 받아 데워진 아스팔트는 뱀들이 몸을 데우기 좋은 장소이다. 그래서 뱀들이 아스팔트 길 위에 머무는 시간이 많아지는 쌀쌀한 가을철에 뱀 로드킬이 집중적으로 발생한다. 불행히도 동물들이 저마다 가진 갖가지 습성이 그들을 길 위에서 죽게 만드는 것이다.

인간이 만든 도로가 가진 특성도 야생동물이 로드킬을 피할 수 없게 만든다. 앞에서도 말했듯, 우리나라 고속도로 밀도는 OECD 경제협력개발기구 국가 중 네 번째를 차지할 만큼 높은데, 중앙분리대가 설치된 도로가 대부분이다. 그러다 보니 야생동물들이 일단 고속도로 안으로 들어오면 중앙분리대를 넘어가지 못해 그 안에서 우왕좌왕하다가 빠른 속력으로 달리는 자동차들을 피하지 못하고 결국 충돌하고 만다. 중앙분리대가 자동차와 인간의 안전에는 중요한 구조물이지만, 길을 건너가려고 도로에 올라선 동물들에게는 죽음의 장벽이 되는 것이다.

빠르게 달리는 큰 차들이 만들어 내는 공기 역류도 곤충들이나 작은 새들의 비행을 방해해 로드킬을 일으킨다. 꼭 고속도로가 아니어도 왕복 4차선 이상 되는 폭 넓은 국도 역시 차량 통행이 많고 차들이 빠르게 달려 위험하긴 매한가지이다. 게다가 도로 맞은편은 비탈이나 절벽, 아니면 대부분 길을 내느라 산을 깎아 생긴 경사면에서 돌이 굴러떨어지는 걸 막기 위한 낙석 방지 울타리가 촘촘히 세워져 있다. 이처럼 동물들이 지나가야 할 길을 막고 있는 도로의 구조는 동물들 스스로의 힘으로는 로드킬을 피할 수 없게 만든다.

오늘날 로드킬은 육상에 사는 모든 척추동물의 생존을 위협하는 심각한 문제가 되었다. 도로는 계속 늘고 있고, 그에 따라 숲의 면적은 줄어들고, 동물들의 서식지는 더 작게 조각나고 있다. 그럴수록 야생동물의 생존은 점점 더 위태로워질 것이다.

🔴 어떤 동물들이, 얼마나 많이 희생되고 있을까?

환경부와 국립생태원에서 2015년부터 2019년까지 집계한 '고속도로와 국도 로드킬 사고 통계'에 따르면, 고속도로에서는 해마다 2000마리 가까운 야생동물이 사고를 당했다. 특히 일반국도에서는 해마다 로드킬 사고가 크게 늘어, 5년 동안 무려 5배나 증가했고, 총 7만 마리가 넘는 동물이 희생되었다. 지방도와 군도의 로드킬 조사 자료는 없지만, 이러한 도로의 길이가 일반국도의 3배 정도 된다는 점을 생각하면 최소한 2019년 1만 7500여 건의 3배인 5만건 이상의 사고가 발생했을 것으로 추정할 수 있다. 더구나 이 조사들은 눈에 띄는 큰 동물 위주로 파악한 것이라 작은 동물들의 로드킬까지 합하면 그 수는 상상을 초월할 것이다. 서울에서만 한 해에 고양이 로드킬 사고가 5000건가량에 이른다고 하니, 우리나라 전체 도로에서의 연간 로드킬은 100만 건이 넘을 것이라는 일부 전문가들의 주장이 과장으로 들리지 않는다.

가장 많이 희생되는 동물은 고라니로, 지난 5년간 고속도로 사고 동물의 90퍼센트, 일반 국도 사고 동물의 59퍼센트를 차지한다. 그 뒤를 고양이, 너구리, 개, 멧돼지, 멧토끼, 족제비, 오소리, 청설모, 노루가 잇는다. 뱀, 다람쥐, 조류도 자주 사고를 당한다. 멸종위기종인 삵과 수달, 담비, 올빼미, 산양도 적지 않게 희생된다. 이들을 보호하기 위한 적극적인 대책 마련이 급하다. 이대로 가다간

머지않은 미래에 한반도에서 이들을 다시는 볼 수 없게 될지도 모른다.

로드킬을 가장 많이 당하는 고라니는 개체 수가 많고, 농가에 피해를 입히는 동물이므로 로드킬로 죽는 것을 방관해도 괜찮을까? 사실 고라니는 중요한 국제적 멸종 위기종이다. 지구에서 고라니가 토착종으로 사는 곳은 중국과 우리나라 단 두 곳뿐이다. 우리나라를 제외하고는 세계적으로 생존 개체 수가 대단히 적다는 것을 생각할 때 고라니를 골칫거리로 대하는 우리의 태도를 돌아볼 필요가 있다. 그러나 꼭 그런 이유가 아니어도 모든 생명은 죽음 앞에서 평등한 것이 아닐까?

다른 나라에서는 고라니가 점점 줄어들어 국가적으로 보호하고, 심지어 복원 작업까지 이루어지는데 유독 우리나라에서만 개체 수가 늘어 천덕꾸러기가 된 이유가 무엇일까? 그것은 우리나라의 생물 다양성이 크게 감소했기 때문이다. 불행히도 호랑이, 표범, 늑대, 여우 같은 대형 포식자들이 멸종해 고라니의 천적이 사라져 버렸다. 경쟁자인 사슴은 멸종하고 노루도 점점 개체 수가 감소해 천적과 경쟁자가 사라진 한반도에서 고라니의 개체 수는 자연스럽게 늘어난 것이다.

이는 우리나라의 자연 생태계가 그만큼 건강하지 못하다는 뜻이다. 앞으로 더 많은 동물이 멸종되면 생태계 균형이 얼마나 심하게 파괴될지 어렵지 않게 짐작할 수 있다. 시간이 지날수록 도로

는 더 늘어나고 숲은 파괴되면서 야생동물의 서식지는 점점 더 조
각나고 파편화되고 있다. 그만큼 로드킬도 해마다 증가하는 현실
에서 고라니 또한 이 땅에서 자취를 감추게 될 날이 생각보다 빨리
다가올지도 모른다.

공존을 원한다면

바쁘게 움직이는 도시에서의 삶에 지친 사람들은 휴가철이 되
면 자연을 찾아 떠난다. 또 주말마다 도심 근처의 산은 등산하는
사람들로 붐빈다. 이렇게 사람들이 자연을 찾는 이유는 인간 또한
자연의 일부로서 자연 속에서 몸과 마음의 건강을 얻을 수 있기 때
문일 것이다. 그럼에도 경제적 풍요와 발전을 가장 큰 가치로 두고
있는 우리 사회는 끊임없이 자연을 훼손하면서 개발을 해 나가고
있다. 그리고 도로를 닦는 것은 개발을 위한 첫걸음이다.

도로 자체가 야생동물의 서식지를 감소시키고 조각내는 문제도
있지만, 도로는 그 이상으로 생태계를 파괴한다. 도로가 만들어지
면 개발이 더 활발하게 이루어지면서 사람들이 활동하는 공간이
더 늘어나기 때문이다. 이에 따라 야생동물이 생활할 수 있는 공
간은 더욱 줄어들게 된다. 물론 도로가 많아지면 사람들이 더 편리
하고 빠르게 목적지까지 갈 수 있고, 물류의 이동이 원활해지는 등

경제적인 이점이 매우 많다. 그러나 혹시 우리가 도로를 지나치게 많이 건설하고 있는 것은 아닐까? 그 많은 도로가 우리에게 꼭 필요할까?

2000년대 초반부터 환경 단체를 중심으로 고속도로와 국도에 대한 중복 투자, 과잉 투자 문제가 꾸준히 제기되어 왔다. 고속도로와 국도가 나란히 뻗어 있는 데다 국도 이용이 늘어난 것도 아닌데 국도를 4차선으로 확장하거나, 국도 통행량이 줄어들고 있는데도 근처에 고속도로를 새로 건설하는 일이 많았기 때문이다. 그 뒤로 도로 중복 투자를 막는 법이 만들어졌다. 그러나 2017년 국정감사에서 지난 10년간 개통된 전국 120개 일반국도를 조사한 결과, 그중 41개가 설계할 때 예측했던 통행량의 절반에도 미치지 못하는 것으로 확인됐다. 국토교통부가 수요를 과도하게 예측해 불필요한 도로가 지나치게 많이 건설되었고, 이로 인해 낭비된 국가 예산은 무려 4조 4800억 원에 이르렀다. 낭비된 예산도 아깝지만, 더 안타까운 점은 다시 되돌릴 수 없는 훼손된 자연과 그 때문에 증가하는 로드킬과 야생동물들의 고통이다.

인간과 야생동물이 공존할 수 있을까? 야생동물과 공존하기를 원한다면 우리는 무엇을 해야 할까? 로드킬을 막으려면 좁은 국토에 불필요한 도로를 이중 삼중 건설하는 일을 삼가야 하며, 처음 도로를 설계할 때부터 세심한 노력을 기울여야 한다. 건설하려는 도로 인근에 서식하는 동물들의 종류와 행동 특성에 대한 면밀한

● 1. 유도 울타리를 세운 생태 통로.
● 2. 이동로 끝이 또 다른 도로와 만나는 최악의 생태 통로.
● 3-4. 터널형 생태통로의 좋은 사례와 나쁜 사례.
● 5. 어린 두더지의 이동에 장애가 되는 도로 경계석.
● 6. 시민의 힘으로 만든 두꺼비 로드킬 경고 표지판.

단순한 야생동물 보호 의미로 착각하기 쉬운 로드킬
경고 표지판. 왼쪽부터 영국의 고슴도치, 호주의 캥
거루, 한국의 고라니.

조사를 바탕으로 현실적인 생태 통로를 만들고, 고속도로에 울타리를 세워 애초에 동물들이 고속도로로 들어서지 못하게 막는 것이다.

모든 고속도로에 울타리를 빈틈없이 설치하면 야생동물들이 이유도 울타리를 따라가다 자신에게 맞는 생태 통로를 발견해 쉽고 안전하게 길을 건널 수 있다. 그러면 고속도로 로드킬은 거의 막을 수 있다. 이처럼 도로로 단절된 서식지를 연결해 주는 생태 통로의 역할은 매우 중요하다. 실제로 2004년 이후에는 고속도로를 건설할 때 울타리를 함께 설치하도록 하고 있다. 그러나 그 이전에 만들어진 고속도로에 대한 울타리 보완 설치는 더디게 진행되고 있어 여전히 고속도로 로드킬이 멈추지 않고 있는 실정이다.

생태 통로에는 여러 종류가 있다. 육교형 생태 통로를 잘 조성한 곳도 있지만, 더러는 사람들과 함께 이용하게 하거나 다른 도로에 가로막혀 길이 끊기는 등 동물들이 이용하기 어려운 곳도 많다. 터널형 생태 통로의 경우, 터널 폭이 너무 좁거나 맞은편 출구가 잘 보이지 않으면 야생동물들이 두려워하며 이용을 꺼린다고 한다. 생태 통로는 비용이 많이 드는 시설물이다. 그러니 철저하게 조사한 자료를 바탕으로 동물들이 자주 이용하도록 만들어야 한다. 또 지속적인 모니터링을 통해 문제점을 보완해 나간다면 동물의 희생을 많이 줄일 수 있을 것이다.

로드킬을 예방하려는 운전자들의 마음가짐과 노력 또한 중요하다. 로드킬이 자주 발생하는 지역에 설치된 '야생동물 주의' 표지판을 보거나 내비게이션 안내를 들으면 반드시 속도를 줄여야 한다. 속도를 줄이지 않고 달리다가 핸들을 급하게 틀거나 급정거를 하면 운전자가 크게 다치거나 추돌 사고로 이어질 수 있다. 특히 로드킬이 많이 일어나는 어두운 밤부터 아침 사이에는 운전자의 시야도 제한되기 때문에 더욱 천천히 주의해서 운전해야 한다. 캄캄한 도로에서 동물을 발견하면 상향등이나 전조등을 켜는 대신 경적을 울려야 한다. 그래야 밝은 빛 때문에 동물이 시력을 잃고 멈춰 서거나 놀라 차로 뛰어드는 일을 막을 수 있다. 로드킬 사고가 발생하거나 로드킬당한 동물을 발견하면 갓길에 차를 세우고 안전 삼각대를 설치한 뒤 안전한 곳으로 이동해 신고하면 된다. 고속도로라면 한국도로공사 24시간 콜센터1588-2504로, 나머지 도로에서는 다산콜센터지역번호+120나 정부민원안내콜센터국번 없이 110로 신고하면 된다.

강원도 오대산 산골 마을에는 양서류 로드킬을 막기 위해 오랫동안 노력해 온 사람들이 있다. 이들은 도로를 사이에 두고 습지와 숲 사이를 오가는 개구리를 무려 15년 동안 직접 이동시켜 주었고, 그 결과 양서류가 점점 늘어나면서 숲 생태계가 건강하게 회복되고 있다. 양서류는 육지와 물속에 사는 곤충을 잡아먹고 살며, 파충류나 조류, 또는 포유류의 먹이가 된다. 이렇게 먹이 사슬의 중간 단계에 있는 양서류는 생태계의 안정성을 유지하는 데 매우 중요한 동물이다. 전라남도 광양시 비촌마을 앞 도로에서도 로드킬 당한 두꺼비의 주검에 숫자를 표시하며 로드킬이 얼마나 많이 일어나는지 시민들에게 널리 알리는 활동을 꾸준히 펼쳐 한 해에 450여 마리의 두꺼비를 구출하기도 했다. 경상남도 거제에서는 봄이면 다양한 단체와 개인들이 자발적으로 양서류 로드킬을 막자는 현수막을 걸어 운전자들의 주의와 관심을 이끌어 내고 있다.

아무리 작고 하찮아 보이는 생명이라 할지라도 그들은 인간과 함께, 또는 더 오랜 세월 동안 이 땅에서 살아온 존재들이다. 그들은 각자 자기만의 방식으로 험난한 환경에 적응하고 싸우며 생존에 성공한 대견한 생명체들이다. 그물처럼 얽힌 생태계에서 어떤 생물이 사라져 버리면 그 생태계는 균형을 잃고 무너지기 시작한다. 오늘날 야생동물의 천적은 '도로'라고 말할 정도로 로드킬은 동물들의 생존을 위협하고 있다. 뿐만 아니라 로드킬은 인간의 건강과 생명도 앗아 가곤 한다. 로드킬 현장은 우리 사회를 지탱하는 가장 중요한 가치인 생명 존중 사상이 무너지는 곳이다. 야생동물과 함께 살아가기 위해 지금 우리는 무엇을 해야 할까? 우리가 할 수 있는 작은 노력들부터 시작해 보자.

5

미래 식량

GMO 튀김과
세포배양 스테이크와
곤충 쿠키

🥔 뜨거운 감자가 된 감자튀김, 먹을까, 말까?

2050년까지 세계 인구가 20억 명 더 늘어나고, 기후 변화로 전통적인 농업 지역이 달라질 것으로 예측된다. 이 상황에서 과학자들과 정책 입안자들은 이 두 문제에 대처할 방법을 찾기 위해 혈안이 되어 있다. 늘어나는 인구와 줄어드는 농지에서 비롯되는 식량 문제를 해결해야 하는 것이다.

식량이 부족할 때 가장 떠오르는 식품은 무엇일까? 빈센트 반고흐는 희미한 램프 불빛 아래 감자를 먹고 있는 가난한 농민들의 일상을 담은 〈감자 먹는 사람들〉을 그렸다. 감자는 구황작물의 하나이다. 구황작물이란 흉년 따위로 기근이 심할 때 쌀이나 밀 같은 주식물 대신 먹을 수 있는 농작물을 말한다. 1995년부터 1998년까지 자연재해와 경제봉쇄, 배급 체계의 붕괴 등으로 북한은 '고난의 행군'이라 불리는 대기근을 겪었다. 수백만 명이 지독한 굶주림에 시달리고 수십만 명이 넘는 사람들이 굶어 죽은 참혹한 시기였다. 그때 북한도 감자에 매달렸다. 북한에서 펴낸『감자 요리』라는 책에는 떡, 죽 등 감자로 만들어 먹을 수 있는 요리가 무려 70가지 넘게 실려 있다.

사실 감자는 담백하고 조리법도 매우 다양하다. 감자는 역사를 바꾼 식량이기도 하다. 심기만 하면 잘 자라서 19세기 아일랜드인들의 주식이었다. 그러나 갑자기 찾아온 감자 역병으로 최악의 감자 흉작이 발생하자 아일랜드는 대기근을 겪었고, 1845~1852년

● 고흐, 〈감자 먹는 사람들〉, 1885년.

동안 100만 명 이상이 굶주림으로 사망하고 말았
다. 배고픔을 견딜 수 없었던 아일랜드인들은
미국으로 대거 이주하는데, 그 후손 중 한 명이
존 F. 케네디 전 미국 대통령이기도 하다.

   감자가 구황작물로 인기 있는 이유는 주성
분인 녹말이 에너지원의 역할을 하는 데다 양
질의 단백질이 풍부해서이다. 특히 식물성 식
품으로는 드물게 감자 단백질에는 필수 아미
노산 중 라이신이 동물성 식품과 맞먹을 정도
로 풍부하게 들어 있다. 또 철분, 칼륨, 마그네
슘과 같은 영양소와 비타민 C를 비롯한 비타민 B
복합체를 골고루 포함하고 있다. 그래서 감자를 많이 먹는 나라에
는 영양 결핍증이 거의 없고 장수하는 사람이 많다.

   그런 감자에도 단점이 있는데, 바로 기름에 튀기면 암을 일으키
는 물질이 만들어진다는 사실이다. 그렇다고 우리가 감자튀김을
포기할 수는 없지 않은가? 영양 면에서 이토록 훌륭한 감자를, 튀
겨 먹으면 둘이 먹다 하나가 죽어도 모를 만큼 맛있는 감자를 걱정
없이 먹을 수는 없을까? 유해 물질이 생기지 않게 하는 방법이 있
다면 얼마나 좋을까? 그런 감자를 만들 수 있다면 누가 과연 먹기
를 망설일까?

알 권리, 선택할 권리가 필요하다

놀랍게도 그런 감자가 만들어졌다. 오래 놔둬도 색이 변하지 않고, 튀길 때 유해 물질이 생기지 않도록 유전자를 변형한, 바로 유전자 변형 생물체GMO인 GM 감자다. 그런데 이런 감자를 먹을 수 있다는 사실이 과연 좋은 소식일까? 이 감자를 개발하는 데 참여했던 과학자는 GM 감자의 안전성에 관해 문제를 제기했으나 외면당했다. 이후 그가 『판도라의 감자: 최악의 GMO』라는 책을 써 위험성을 폭로했다는 이야기를 들으면 생각이 달라질 것이다.

우리는 농부가 농사를 짓는다고 생각하지만, 이미 오래전부터 농업은 대규모로 농작물을 키우고 판매하는 거대 식량 기업이나 다국적 농업 기업이 담당해 왔다. 감자는 수확하고 시간이 지나도록 팔리지 않으면 색이 변해 폐기해야 한다. 감자를 키우는 기업으로서는 손해가 아닐 수 없다. 기업은 유전공학자들에게 색 변화를 일으키는 유전자를 잠재우는 기술을 개발하도록 했다. 하지만 감자의 색을 바꾸는 멜라닌이라는 물질은 병균과 해충의 감염을 막아 주는 역할도 했기에, 멜라닌을 변형시키자 변색이 되지 않는 대신 오히려 독성 물질이 축적되었다. 겉으로는 안전해 보이는 감자인데 두통, 구토, 피로, 복통, 설사를 유발하는 물질이 보통 감자의 2배나 되고, 치매를 일으키는 뇌 신경독이 유럽에서 퇴출한 GM 옥수수의 8배에 달한다는 연구 결과도 있다.

그런데도 우리나라는 기업이 제출한 자료만으로 GM 감자를 수입하려 한다. 2019년 GMO 농산물 수입을 반대하는 환경 단체가 17개 외식업체에 국내에 GM 감자가 수입될 경우 이를 사용할 것인지를 묻자, 4곳에서만 GM 감자를 쓰지 않겠다는 답이 돌아왔다.

여러분이라면 이 감자를 먹을 것인가, 먹지 않을 것인가? 하지만 안타깝게도 지금의 현실에서 우리는 그런 선택조차 할 수 없다. 사실 우리가 먹는 것이 GMO인지 아닌지 구별할 수가 없다. GMO 식품을 수입하는 일에 우리나라가 세계 1위인데도 그렇다. 우리는 알게 모르게 이미 GMO 식품을 먹고 있다.

'전통 발효 기법 제조'라고 광고하는 된장으로 찌개를 끓여 '한국의 맛'이라며 밥상 앞에서 엄지를 척 세울지 모른다. 하지만 된장 용기 뒤쪽 '식품 표시 사항'에 적힌 원재료가 국산 콩이 아니라면 의심해 봐야 한다. 간장, 고추장, 된장, 식용유 등의 원재료에 GM 대두와 GM 옥수수를 사용했어도 최종 제품에서 유전자 변형 DNA가 검출되지 않으면 표시할 의무가 없기 때문이다. 또 GMO 농산물을 3퍼센트 이하로 섞어 넣은 경우에도 GMO 표시가 면제된다. 그러니 식품 표시 사항을 꼼꼼히 살펴봐도 '수입산'이라는 말만 있지 'GMO 식품'인지 알 수 없는 것이 우리의 현실이다. GMO 농산물은 가축 사료로도 많이 쓰여 소고기, 돼지고기, 닭고기, 달걀, 우유 생산에 영향을 끼친다. 이렇게 먹고 있는 GMO 섭취량은 국민 1인당 연간 약 40킬로그램에 달한다.

내가 무엇을 먹고 있는지 모르는 불안한 상태에서 한국은 몇 년
째 세계 최대 식용 GMO 수입국이다. 일본 역시 GMO 수입 대국
이지만 식용이 아닌 동물 사료로 주로 사용한다. 오히려 'GMO 자
유 지역'이라고 GMO 작물을 절대 재배하지 않는 지역이 일본 전
역에 늘어나고 있고, '이것은 GMO가 아니다'라는 것을 표시하는
'Non-GMO' 라벨을 자율 부착하는 식품도 많다. 특히 많이 팔리
는 상위 5개 간장 회사가 모두 자발적으로 Non GMO 표시에 참
여하고 있다.

GMO 표시제는 1997년에 독일에서부터 시작해 현재는 유럽 전
역에서 모든 GMO 원료를 공개하는 GMO 완전 표시제를 시행 중
이다. 유럽은 GMO 농산물 재배도 금지해 수출도 하지 않을뿐더
러 혹시 수입하더라도 일본과 마찬가지로 주로 동물 사료로만 사
용하며 식용은 엄격히 제한한다. 러시아에서는 GMO를 생산, 판
매, 수입할 경우 테러에 준하는 중범죄로 처벌하기도 한다. GMO
완전 표시제를 놓고 기업의
이익과 국민의 안전을 저울
질하는 우리나라도 사람들
에게 알 권리를 주어야 할
것이다.

유전자조작이 필요 없는 생태 농업을 꿈꾸다

식량문제 해결의 관점에서 유전자조작을 꼭 나쁘게만 볼 수는 없다. 2016년 노벨상 수상자 108명이 세계적 환경 단체이면서 유전자조작을 적극 반대하고 있는 그린피스에 편지를 썼다. 황금쌀과 같은 유전자조작 식품에 대한 반대 캠페인을 제발 중단해 달라고 요청한 것이다. 황금쌀에는 베타카로틴이 풍부해 비타민 A 결핍으로 고통받는 가난한 사람들에게 큰 도움을 줄 수 있다. 유니세프국제연합아동기금에 따르면, 해마다 25만~50만 명에 이르는 아동이 비타민 A 결핍으로 실명하며, 그중 절반이 1년 안에 사망한다고 한다. 그런데 황금쌀을 만들 수 있으면 식량 부족과 비타민 A 결핍 문제를 동시에 해결할 수 있기 때문이다.

감자 이야기로 시작한 유전자조작 식품 이야기는 그야말로 '뜨거운 감자'일 수밖에 없다. 많은 사람들이 인체에 해롭다는 명확한 증거가 없는 데다 전 세계 식량 부족을 해결할 수 있는 신기술을 반대할 이유가 없다고 주장한다. 그러나 GMO 역사는 아직 30년에 불과하다. 자연의 검증에는 훨씬 많은 시간이 필요하다. 건강과 환경에 끼칠 나쁜 영향을 아직은 정확히 알 수 없기에 더 조심해야 한다는 주장도 만만치 않다. GMO 중에는 해충이 먹으면 죽는, 즉 해충에 대한 저항성을 가진 농산물도 있다. 살충 요소가 들어 있는데 인간이 먹어도 괜찮은지 계속 문제가 제기되고 있으며,

인체 유해성에 대한 검증도 아직 결론을 내리지 못했다. GM 콩 역시 높은 온도로 가열하면 GMO 유전자가 없어지는 것으로 알려졌지만, 수입 콩으로 만든 두부 7종류를 조사해 보았더니 6개 제품에서 GMO 성분이 검출되었다. GMO가 가져올 부작용을 확실히 모르는 지금, 우리는 판도라의 상자를 열어선 안 될지도 모른다.

앞에서 우리나라와 일본, 유럽의 이야기를 했는데 미국은 어떨까? 미국은 GMO를 생산하는 식품 기업들의 막강한 입김 때문에 대부분 주에서 GMO 표시제를 시행하지 않는다. 기업들이 법 자체를 통과시키지 못하게 영향력을 행사했기 때문이다. 미국에서 유전자조작 기술이 발달한 이유는 역사에서 찾아볼 수 있다. 1776년 건국되어 역사가 짧고 전통 농업이 없던 미국 사회에, 1950년대 이후 '모노컬처Monoculture'라고 하는 농경문화가 새롭게 정착하게 된다. 모노컬처란 '단일 종 재배'를 뜻하는 말로, 한 가지 작물, 예를 들어 드넓은 땅에 옥수수 한 가지만 어마어마하게 심는 것을 말한다. 대규모 농경지에 한 종류의 농작물만 경작하면 씨앗을 심고 비료를 주고 살충제를 뿌리고 수확하는 모든 과정이 통일되고 단순해져서 경제성이 극대화된다. 하지만 생태계 평형은 완전히 무너져 버린다. 잡초나 곤충과 상호작용이 없는 단일 종은 조금만 방심해도 금세 병들어 모두 죽는다. 이러한 상황에서 옥수수를 어떻게 안 죽게 만들 수 있을까? GMO 연구는 이를 고민하다 출발한 것이다.

● 1. 콩 한 종류만 심고 기계를 써서 대규모로 경작하는 모노컬처.
● 2. 꽃, 채소, 허브, 나무 등 다양한 작물을 사람 손으로 기르는 퍼머컬처.

모노컬처와 반대로 생태계를 보전하면서 식량을 생산하는 '퍼머컬처Permaculture'가 있다. 퍼머컬처란 지속 가능하고 자급자족할 수 있는 농업 생태계를 추구한다. 예를 들어 포도와 토마토, 바질이라는 세 가지 농작물을 재배한다고 해 보자. 포도나무는 햇빛을 많이 받아야 하는 작물이므로 포도나무를 위쪽에 배치한다. 토마토는 보통 비닐하우스에서 많이 재배하는데, 비닐 대신 포도나무 아래쪽에 토마토를 심으면 된다. 그리고 벌레가 많이 꼬이는 토마토 옆에는 바질을 심어서 바질 향이 벌레를 퇴치하게 한다. 토마토를 수확한 뒤 남은 줄기는 썩어서 비료가 되어 포도나무에 양분을 공급해 준다.

슈퍼돼지와 인공 고기가 보여 주는 육식의 미래

동물의 GMO 연구는 어떨까? 1989년에 선보인 '슈퍼연어'가 바로 최초의 유전자조작 동물이다. 자연 상태에서 연어가 완전히 성체가 되려면 3년이 걸리는데, 이 슈퍼연어는 16개월 만에 성체가 된다. 보통 연어보다 2배 이상 빨리 자라는 데다 크기도 훨씬 크니 기업 입장에서는 생산성이 높아진다. 유전자조작이 앞서 살펴봤던 많은 문제를 내포하고 있다면 효과적인 식량 생산을 위한 다른 방법은 없을까? 새로운 기술이자 첨단 기술인 합성생물학을 먼 저 살펴보자.

우리나라의 경우, 중국 연구진과 공동 연구로 유전자 가위 기술을 활용해 근육량이 많은 '슈퍼돼지'를 생산한 사례가 있다. 합성생물학을 활용한 이 기술은 「2016년 OECD 과학기술혁신 미래 전망 보고서」에서 "향후 10~15년 동안 세계적으로 영향을 끼칠 10대 미래 기술"로 주목받았다. 하지만 슈퍼돼지를 단순히 인간에게 고기를 제공하는 대상이 아니라 친구처럼 가족처럼 그려 낸 영화 〈옥자2017년〉가 이야기하듯이 살아 있는 생명은 인간의 음식이 되기 위해서만 존재하는 것이 아니므로 합성생물학이든 유전자조작 생물이든 다를 바 없다는 주장도 있다. 인간이 식량을 얻기 위해 생명체의 유전자를 마음대로 바꾸는 건 동물을 학대하는 행위라는 것이다.

열악한 환경에서 닭, 소, 돼지 등 가축들을 극도로 좁은 공간에 가두고서 계속 사료를 먹이며 쉴 새 없이 사육하는 공장식 축산도 동물 학대이다. 움직이면 살이 빠지니까 꼼짝도 할 수 없는 공간에 가둬 놓고 살을 계속 찌워서 최소한의 기간을 거쳐 최대한 빨리 도축하는 것이 공장식 축산의 목표이다. 운동은커녕 최소한의 활동도 못 하고 말하자면 불량 식품만 먹는 동물들은 당연히 병에 걸리고, 그 결과로 항생제 과다 투여를 부르게 된다. 동물이 먹은 항생제는 그 동물을 섭취한 사람에게 항생제 내성을 일으키지만, 경제성을 따지면 항생제 사용은 불가항력이랄 수 있다. 고기를 먹는 한 우리가 항생제를 과다 섭취하는 것을 피할 길은 없다.

하지만 이런 수많은 위험을 피하며 미래에도 고기를 부족함 없이 계속 먹어야겠다는 인류의 노력은 정말 대단하다. 부족한 고기를 어떻게 안전하게 충당할 수 있을지를 끝없이 고민하고 있다. 게다가 세계 인구가 늘어날수록 곧 식량난에 '빨간불'이 켜질 것이다. '미래의 먹거리'를 찾아야 하는 시점에 이른 것이다. 이러한 가운데 식품과 기술을 결합한 '푸드테크Food-tech'가 탄생했다. 축산업으로 인한 온실가스를 줄이고, 동물 윤리도 지키고, 아울러 우리의 건강도 생각하는 기술이라고 한다. 바로 세포배양을 통해 젖소 없이 우유를, 닭 없이 달걀을, 가축 없이 고기를 만드는 연구이다.

이미 육식의 문제점을 극복하고자 콩을 이용해 고기와 비슷한 질감을 내는 '콩고기'를 만들어 판매하고 있지만, 먹어 보면 실제 고기와는 냄새도 씹는 맛도 차이가 크다. 하지만 세포배양 고기는 이런 수준을 넘어서 구우면 겉은 바삭하고 속은 육즙이 가득한 실제 고기의 냄새와 느낌을 거의 똑같이 구현해 냈다. '세포 농업'이라는 이름으로 단백질을 합성해 만든 진짜 같은 '가짜 고기'가 탄생한 것이다. 미국의 비영리단체 뉴하비스트는 지금 이루어지고 있는 가축 사육 방식이 전혀 윤리적이지 못하다는 이유로 기부금을 들여 세포배양 기술로 고기를 만드는 연구를 하고 있다. 고기가 아니라 특정 단백질에만 초점을 맞춘 곳도 있다. 겔젠이라는 회사

[세포배양 고기를 만드는 과정]

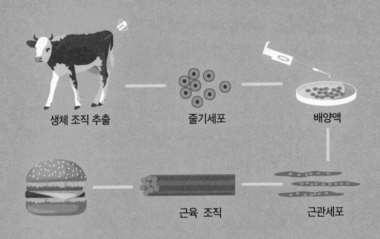

생체 조직 추출   줄기세포   배양액

근육 조직   근관세포

세포배양 소고기   세포배양 닭고기

는 식물에서 젤라틴을 뽑아내는 기술 연구에 집중하고 있다. 젤라틴은 젤리, 마시멜로, 화장품, 약 등 여러 곳에 쓰이는데, 보통 동물의 뼈에서 추출한 것을 많이 사용한다. 따라서 동물에게 고통을 주지 않는 기술을 연구하는 것이다.

멤피스미트와 같은 기업도 고기 세포를 배양해 인공 고기를 생산한다. 동물 개체에서 줄기세포를 채취하고 배양해 실제로 먹을 수 있는 고기로 성장시키는 것이다. 줄기세포에 영양분이나 미네랄, 당분 같은 성장 필수 요소를 공급하면 세포가 증식해 고깃덩어리가 된다. 물론 아직까지는 생산 비용이 높지만, 전문가들은 몇 년만 지나 실용화 단계가 되면 가격이 낮아질 수 있다고 전망한다.

미국 스탠퍼드대학교의 생물학 교수 패트릭 브라운이 설립한 임파서블푸드라는 회사는 아몬드와 마카다미아 오일 등 오직 식물성 원료만을 이용해 햄버거 패티와 치즈를 만들어 냈다. 임파서블푸드는 이 패티로 만든 햄버거를 판매해 인기를 끌기도 했다. 임파서블푸드가 만든 패티는 눈속임을 넘어 진짜 고기와 구별이 잘되지 않을 만큼 훌륭하다고 한다. 최근 영국 런던에서는 기존의 동물성 우유를 100퍼센트 식물성 우유로 대체하는 데 성공했다. 바로 '밀크맨'이다. 밀크맨은 아몬드, 코코넛과 같은 견과류를 가공해 만든 것으로, 견과류 함유량이 12퍼센트 정도이다.

하지만 세포배양 고기 등 아직 본격적인 실행 단계도 아닌 여러 가지 시도들 역시 현재의 유전자조작 식품처럼 불안한 것이 사실이다. 아직 검증되지 않고 오랜 세월이 지나야 밝혀질 여러 부작용을 예측할 수 없기 때문이다. GMO에 대한 우려도 사라지지 않은 마당에 이 새로운 기술들은 과연 얼마나 뜨거운 감자가 될까?

● 그렇다면 새로운 단백질을 소개합니다

현재 세계의 78억 인구가 먹거리를 키우고 가축을 기르는 데 사용하는 땅은 남아메리카와 맞먹는 엄청난 면적이다. 만약 지구에 90억 명 이상이 살게 된다면 한 사람에게 하루 최소 1500칼로리가 필요하므로, 농업을 현재와 같은 방법으로 계속한다면 우리나라보다 85배나 큰 브라질 면적만큼의 경작지가 더 필요하다. 불행히도 그 정도로 큰 농사를 지을 만한 새로운 땅은 지구에 없다. 또 90억 이상의 인구가 소비할 고기의 양을 계산하면 소만 약 1000억 마리가 필요한데, 이는 지금의 2배에 달하는 수치이다. 사람들의 고기 사랑이 식지 않는 한 기술혁신이 드리우는 어두운 그림자에서 벗어나기는 힘들 것이다.

따라서 육식을 줄여 나가는 것이 가장 바람직하다. 그래도 정말 정말 고기와 단백질 사랑을 멈출 수 없다면 영양학적으로 손색이 없는 곤충을 소개해 보겠다. 최근 우리나라에도 곤충을 식재료로 만든 쿠키와 샌드위치 등을 판매하는 곳이 생겼다. 진열된 쿠키와 견과류, 누룽지 포장 용기는 솔직하게도 안에 애벌레가 들었음을 쉽게 알 수 있게끔 디자인되었다. 이 애벌레 제품의 이름은 '고소애'. 본래 이름은 갈색거저리의 애벌레 밀웜이다. 생각만 해도 징그럽다고?

요즘은 고급 요리로 여기는 랍스터도 예전에는 징그럽다는 이유로 '랍스터 파업'을 낳기도 했다. 미국 건국 초기인 개척 시대에 매사추세츠주의 한 농장. 힘을 써야 하는 하인들에게 단백질을 제공해야 하는데 고기를 계속 줄 수는 없으니 그 지역에 당시 흔했던 랍스터를 날마다 주었다고 한다. 그러자 "아무리 그래도 이 흉측한 걸 매일 먹으란 말이냐!"라며 일주일에 세 번 이상 주지 말 것을 요구하는 랍스터 파업이 일어났다. 생각해 보면 처음 보는 사람들한테는 맛있는 대게나 랍스터도 흉측할 수 있겠다. 지금은 우리가 없어서 못 먹는 걸 보면, 익숙해진다면 곤충도 랍스터만큼 자연스럽게 먹을 날이 오지 않을까?

형태 때문에 곤충식에 대한 거부감이 크다면, 갈아 놓고 아무 말 안 하면 어떨까? 곤충을 잘게 갈아 패티로 만든 곤충 버거도 있는데 아주 맛있다고 한

다. 2014년 식품의약품안전처로부터 가장 먼저 식품 원료로 인정받은 갈색저거리 애벌레 밀웜은 거부감을 줄이고 맛을 강조하기 위해 '고소애'라는 새로운 이름을 얻었다. 그 뒤를 이어 흰점박이 꽃무지 애벌레굼벵이, 장수풍뎅이 애벌레, 쌍별귀뚜라미 같은 곤충들이 식품 원료로 인정되었다. 사실 식용 곤충이 주목받기 훨씬 전부터 우리나라에서는 벼메뚜기나 누에 번데기, 백강잠을 간식으로, 약으로 오랫동안 즐겨 먹어 왔다. 그뿐 아니다. 녹차 아이스크림은 진한 녹색이지만, 녹차 자체는 그런 색깔이 아니다. 여기에는 비밀이 있다. 일부 녹차 아이스크림이나 음료는 누에의 똥에서 나온 동엽록소라는 천연색소를 첨가해 색을 낸다. 또 지금은 알레르기나 천식을 일으킬 수 있어서 거의 사용하지 않지만, 선인장에 기생하는 연지벌레에서 뽑아낸 코치닐을 아름다운 빨간색을 만드는 천연색소로 한동안 화장품과 가공식품에 많이 쓰기도 했다.

머지않은 미래에 갈아 만든 곤충을 먹고 싶지 않다면

오랜 세월에 걸쳐 인간은 여러 환경에서 다양한 음식물을 섭취해 에너지를 낼 수 있도록 몸을 적응시키고 진화해 왔다. 덕분에 인간은 한 종류의 음식만 먹고 살아가지 않고 매우 다양한 음식을 먹는 존재가 되었다. 북극에 사는 사람들이 먹는 동물들부터 안데스 고원의 주민들이 먹는 식물들에 이르기까지 인간은 지구 생태계에서 얻을 수 있는 거의 모든 것을 먹는다. 그러니 앞으로 우리는 육류 섭취에 목숨을 걸기보다 다양성에 초점을 맞추면 어떨까?

생태계는 본래 복잡하고 다양하다. 먹거리가 다양하지 않다는 것은 부자연스러운 일이고 결국 문제를 만든다. 기업이 식량을 장악한 뒤 품종의 단일회, 대량 생산, 생산과 판매의 독점이 일어났다. 이윤 추구가 최우선 목표인 기업은 터미네이터 종자씨앗까지 개발했다. 농부가 이 씨앗을 사서 심으면 처음 한 번은 잘 자라나지만, 그 뒤에는 씨앗을 받아 심어도 싹이 트지 않는다. 유전자조작 기술로 한 번만 발아, 성장하고 그 뒤 거두어들인 씨앗은 심어도 싹이 트지 않게 만든 것이다. 쉽게 말하면 일회용이다. 농가에서는 이 터미네이터 종자 때문에 농사를 지을 때마다 종자를 새로 사야 한다.

그뿐만 아니라 제초제와 농약 등을 한 세트로 같이 써야 농사가 잘되도록 유전자조작이 되어 있기도 하다. 역시 이윤 추구를 목적으로 유전자조작을 실현해 이런 시스템을 만들어 퍼뜨린 회사가 바로 미국의 농업 기업 몬산토이다. 전 세계에서 악명을 떨쳤지만, 이제 더 이상 몬산토의 이름을 들을 수 없게 되었다. 2018년 독일의 생명과학 기업 바이엘에서 660억 달러약 74조 원에 몬산토를 인수했기 때문이다. 몬산토는 1960년에 베트남전쟁에서 미군이 사용했던 최악의 고엽제 '에이전트 오렌지'를 생산했던 회사이고, 독성 때문에 지금은 법으로 사용이 금지된 살충제 DDT와 제초제 라운 드업을 만든 회사이기도 하다. 2018년 미국 법원은 제초제 라운드 업의 암 유발을 받아들여 2040만 달러약 245억 원를 배상하라고 판결 했다. 판결 직후 몬산토를 인수한 바이엘의 주가가 떨어졌지만 이 는 작은 리스크에 불과하다. 두 공룡 기업이 합쳐진 몬산토-바이 엘 회사는 종자부터 각종 약품, 농약, 식품 등을 모두 생산하는 '왕 국'을 건설할 테고, 곧 전 세계에 경쟁자들이 사라지게 될 것이기 때문이다.

식량문제는 지금도 여전히 존재한다. 하지만 절대량이 부족하 지 않다는 것은 상식이다. 세계에서 8억 명가량이 충분히 먹을 만 큼 식량을 얻지 못하지만, 반면 15억 명가량은 비만이다. 우리 주 위에서도 먹을 것이 넘쳐 나서 비만을 걱정하고 음식물 쓰레기를 마구 버려 문제가 되는 일을 어렵지 않게 접할 수 있다. 아프리카 나 아시아, 라틴아메리카의 많은 나라에서 아이들이 굶어 죽어 가 고 있는 이유는 세계 인구 증가에 따른 식량 부족 때문이 아니라 잘못된 식량 유통과 분배 탓이다. 과학기술로 새로운 먹거리를 계 속 개발하는 것만이 미래 식량을 준비하는 방법은 아닐 것이다. 진 짜 해법은 사회시스템의 변화에서 찾아야 하지 않을까?

우리에게 아직 남아 있는 여분의 땅, 산림이나 공원 등을 손이 안 가면서 지속적으로 채소, 과일이 자라는 퍼머컬처 생태계로 변

1

2

화시키는 것도 하나의 방법이 될 수 있다. 일본의 넥스트21이라는 회사는 옥상과 테라스에 정원을 넣어 설계한 생태계 순환형 친환경 주택을 선보이고 있다. 도심 속에 농장을 설계하고 일반 아파트 베란다에도 작은 농장을 만든다. 이런 베란다 텃밭에서 자신이 먹고 싶은 소소한 농작물을 재배하면 어떨까? 쿠바에서는 소련의 붕괴로 국내 소비의 3분의 2가량을 지원받던 식량 원조가 끊기자 소규모 도시 농업으로 식량난을 극복했다. 거기서 그치지 않고 직거래와 단거리 유통 등을 통해 시장 개혁을 이루었으며, 화학비료 대신 각종 토착미생물과 분뇨를 개발해 적극적인 유기농업 방식으로 지속 가능한 농업 모델을 만들기도 했다.

하지만 이런 방식의 농업이나 지역에서 생산된 먹거리를 우선 소비하는 로컬 푸드가 아무리 좋아도 도시화가 계속 진행되는 한 여전히 대량 생산을 위한 GMO 농업, 기계식 농업이 유지될 수밖에 없을 것이다. 그럼에도 우리는 지역공동체를 살리고, 그 안에서 자급자족의 노력을 멈추지 않으며 로컬 푸드나 친환경 농업에 희망을 걸어야 한다. 생태계 파괴에 따른 식량난 앞에서 주식으로 곤충을 먹기 싫다면 말이다.

1. 미국 뉴욕 맨해튼의 옥상 위 도시 농업.
2. 말레이시아 믈라카의 파이프를 이용한 도시 정원.

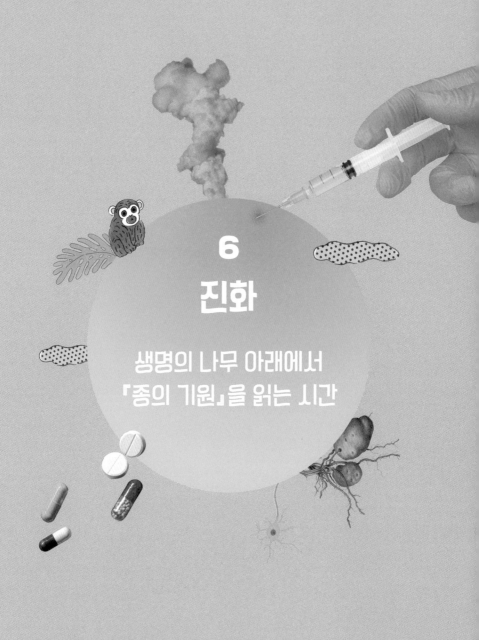

6
진화

생명의 나무 아래에서
『종의 기원』을 읽는 시간

왜 동물원의 원숭이들은 인간으로 진화하지 않는 걸까?

휴대전화도 진화하고, 떡볶이의 매운맛도 진화하고, 심지어 대학 입학시험도 진화한다고 한다. '진화'라는 말을 한 번도 들어 보지 못한 사람은 아마 없을 것이다. 우리는 무엇인가가 더 좋아지거나 더 강력해지면 진화했다고 말한다. 진화란 저 높은 최고의 자리를 향해 한 계단씩 올라가는 일처럼 느껴진다. 정말 그럴까?

본래 진화는 생물학에서 빌려 온 개념이다. 지구상에 존재하는 수많은 생명체는 모두 진화의 산물이다. 인간도 마찬가지이다. 그리고 사람들 대부분이 인간이야말로 지구상에서 가장 진화한 생명체라고 믿어 의심치 않는다. 맨 처음 지구에 아주 단순한 생물이 등장해 어류로 진화했고, 어류가 양서류로, 양서류가 파충류로, 파

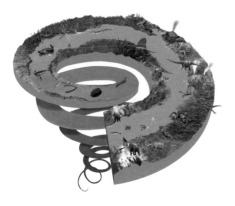

충류가 포유류로 진화해 마지막에 인간이 탄생하는 대서사시가 펼쳐졌는데, 그 주인공이 바로 인간이라고 생각하는 것이다.

인간인 우리가 스스로를 지구에서 가장 중요하고 특별한 존재로 여기고, 진화의 가장 꼭대기, 최고의 자리에 인간을 올려놓은 건 어쩌면 당연하지 않을까? 하지만 그것은 인간의 희망 사항일 뿐, 진실은 그렇지 않을 수 있다.

솔직히 생물의 진화를 이야기하면 왠지 기분이 울적해지거나 삭막해진다. '생존경쟁', '약육강식' 같은 말이 함께 떠오르기 때문이다. 강한 자만 살아남는 게 자연의 법칙이니, 인간 사회의 치열한 경쟁도 당연하다고 생각하게 만든다. 그런데 이 울적함과 삭막함이 우리가 '진화'를 잘못 이해한 데서 온 것이라면 어떨까? 생명의 진화 속에 우리가 막연하게 생각하고 있던 것과 전혀 다른 이야기가 숨어 있다면 이야기의 방향은 완전히 달라질 것이다.

그 숨은 이야기를 찾아 진화론이 처음 탄생했던 160여 년 전으로 돌아가 찰스 다윈을 만나 보자. 놀랍게도 그때나 지금이나 사람들의 질문은 크게 다르지 않다.

"진화라니, 그렇다면 무 씨앗을 계속 심으면 언젠가는 인간이 태어난단 말입니까?"

"오! 맙소사! 원숭이 따위를 자기 조상이라고 믿다니. 그럼 당신은 할머니 쪽이 원숭이입니까, 할아버지 쪽이 원숭이입니까?"

여러분도 어디선가 원숭이가 인간으로 진화했다고 들은 것 같은데, 왜 동물원의 원숭이들은 인간으로 진화하지 않는지 무척 궁금했을 것이다. 그때도 그랬다. 지금은 우리가 차마 대놓고 물어보지 못하는 것들을, 그때는 존경받는 학자들과 성직자들이 다윈에게 화를 내며 대놓고 물어봤다는 점이 다를 뿐이다.

🔵 다윈 이전에도 진화론은 있었다

찰스 다윈은 1809년 영국의 작은 시골 마을에서 의사 집안의 둘째 아들로 태어났다. 아버지도 할아버지도 모두 의사였고, 다윈의 할아버지는 다윈이 진화론을 발표하기 전부터 이미 진화론을 지지하고 주장하던 사람이었다. 진화론을 지지한다고? 진화론은 다윈이 만든 사상이 아니란 말인가?

다윈이 진화론을 발표하기 50년 전인 1809년, 이미 프랑스의 자연학자 장 바티스트 라마르크는 『동물 철학』이라는 책에서 진화는 단순한 것에서 복잡한 것으로 일정한 방향을 갖고 변화한다고 주장했다. 또 동물이 어떤 기관을 자주 쓰거나 계속 사용하다 보면, 그 기관은 시간이 갈수록 점점 강해지고 기능이 발달하게 된다고 도 했다. 반대로 그 기관을 사용하지 않으면 점차 약해지고 기능도 쇠퇴해서 사라지게 된다고. 예를 들어 펭귄의 날개는 날기 위한 용 도로 사용하지 않으면서 점차 퇴화했고, 그 크기도 작아졌다는 말 이다.

이 이론은 '용불용설'이라는 이름으로 불리는데, 기린의 목은 윗가지에 난 잎을 먹으려고 목을 자꾸 늘리다 보니 길어졌다고 보 는 것이다. 그러나 살아가면서 얻은 획득형질은 유전되지 않아 용 불용설은 진화론으로 받아들여지지 못했다. 기린의 목이 긴 것은 목이 긴 기린이 목이 짧은 기린보다 살아남기에 유리해 목이 짧은 기린이 멸종했기 때문이다. 그런데 최근 들어 DNA를 분석하는 후 생유전학의 발달로 획득형질의 유전 가능성이 조심스럽게 제기되 고 있다.

아무튼, 필요에 따라 기관과 형태가 변화한다는 라마르크의 이 야기는 매우 설득력 있는 주장이었다. 특히 세상에 왜 이렇게 다양 한 생물이 존재하는지를 효과적으로 설명하는 작동 원리였다. 이 런 주장은 '종'은 절대 변하지 않는다고 믿었던 사람들의 생각을 흔들어 놓기에 충분했다. 왜냐면 시간이 지나면서 생명체의 모습 이 변화한다는 주장, 즉 생명체가 진화한다는 주장은 당시만 해도 전혀 새로운 이야기였기 때문이다.

사실 진화론이 등장하기 전까지 2000년이 넘는 긴 시간 동안, 사람들은 세상의 모든 존재를 '자연의 사다리', '존재의 대사슬'이라는 상상 속 긴 사다리 위에 올려놓고 생각해 왔다. 이 사다리의 맨 아래에는 암석이나 광물처럼 생명이 없는 존재들이 자리하고, 그 위에 이끼, 식물, 산호처럼 식물이 자리한다. 다시 그 위로 포유류, 영장류 등의 동물이 차례로 자리를 차지하고, 맨 위에는 인간, 천사, 신이 순서대로 자리 잡고 있다. 흠 없이 창조된 사다리는 결코 변하지 않으며, 위로 갈수록 완벽을 향해 나아간다고 믿었다. 진화론은 이 엄격하고 종교적인 사다리를 따라 수직으로 늘어선 생명의 질서를 다르게 바라보게 만든, 놀랍고도 새로운 이야기였다.

딱정벌레를 수집하던 아이가 갈라파고스에 갔을 때

다윈은 어린 시절부터 사냥뿐만 아니라 딱정벌레 등에 관심이 많은 자연학자였다. 부모님의 바람에 따라 형과 함께 의과대학에 입학했지만, 의학에 큰 흥미가 없었던 데다 마취 없이 수술하는 모습에 질겁해서 곧 그만두고 만다. 당시에 자연학을 공부할 수 있는 방법은 신학자가 되는 것이었기에 다윈은 케임브리지대학교에 들어가 신학을 공부했다. 다윈의 아버지는 의대도 포기하고 사냥이나 하고 벌레를 수집하는 아들이 무척 걱정스러웠다. 그래서 이따금 "네 스스로에게도, 집안에도 망신거리밖에 되지 않겠구나!"라고 다윈을 꾸짖기도 했다.

다윈은 케임브리지대학교에서 만난 스승의 도움으로 당시 해군 조사선인 비글호에 승선할 기회를 얻었다. 애초에 2년을 생각하고 출발한 항해는 5년에 걸쳐 이뤄졌고, 그동안 다윈은 상당한 양의 자연사 표본들을 수집하고 연구했다. 다윈은 엄청난 수집광이었을 뿐 아니라 관찰한 사실을 꼼꼼하게 정리하는 정리광이기도 했다. 항해하는 동안 모으고 정리한 훌륭한 표본과 보고서를 수시로 영국에 보낸 덕분에, 항해를 마치고 돌아왔을 때 다윈은 이미 박물학자로 유명해져 있었다.

다윈은 땅의 역사를 공부하고 땅 위의 동물과 식물을 관찰하면서 새로운 질문이 생겼다.

'왜 섬의 동물들은 육지의 동물들과 그토록 다른 걸까?'

'왜 파타고니아의 화석은 기본적으로 파타고니아의 생물상과 그토록 비슷할까?'

'섬이 여러 개 길게 늘어선 군도에서는 왜 멀리 떨어져 있는 섬의 생물들보다 가까운 섬의 생물들이 더 비슷할까?'

'왜 각각의 섬에는 섬마다 특유의 종이 있을까?'

다윈이 찾아낸 답이 무엇인지, 세상을 발칵 뒤집어 놓았던 다윈의 책『종의 기원』에서 그 실마리를 찾아보자. 그런데 역사상 가장

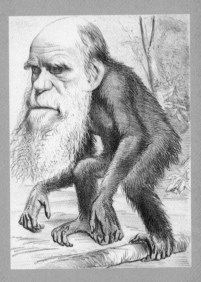

진화론 아이디어를 기록한 다윈의 노트.
나무 모양을 볼 수 있다.

진화론을 조롱하는 1871년의 잡지 삽화.

다윈이 승선했던 비글호.

● 유럽에서 1905년에 발행된 비둘기 품종 안내도.

유명하고 가장 큰 논란을 불러일으킨 이 책을 살펴보면 엉뚱하게도 비둘기 교배에 관한 이야기가 꽤 많은 부분을 차지하고 있다.

왜 그럴까? 다윈이 살았던 빅토리아시대에는 생물을 교배해 특이한 변종을 만들어 내는 일이 일종의 취미로 유행하고 있었다. 자신이 특별히 좋아하는 특징을 가진 동물들을 골라 반복적으로 교배해 원하는 모습의 새끼가 태어나게 만든 것이다. 예를 들어 허리가 길고 다리가 짧은 개를 원하면 품종을 개량하거나 새로운 품종을 만들어 내는 사람인 육종가는 다른 개들보다 허리가 길고 다리

가 짧은 개를 골라 원하는 특성이 나올 때까지 계속 교배해 새끼를
낳게 했다. 닥스훈트, 그레이하운드 같은 여러 종류의 개, 털 길이와
색이 다양한 고양이는 물론 비둘기, 물고기부터 장미나 딸기 같은
식물에 이르기까지 요즘 우리가 흔히 볼 수 있는 다양한 동식물들
이 모두 이때 만들어졌다. 다윈은 여기에서 '차이'를 선택하는 일
을 반복하면 새로운 모습의 생물이 탄생한다는 사실에 주목했다.

> 인간이 체계적인 선택과 무의식적인 선택의 방법을 통해 위대한
> 결과를 만들어 낼 수 있고 실제로도 그랬다면, 하물며 자연이 그리
> 하지 못할 이유가 어디 있겠는가? 인간은 눈에 보이는 외부 형질
> 에만 영향을 줄 수 있다. 반면 자연은 외부 요소들이 그 유기체에
> 유용한 경우를 제외하고는 외양에 신경 쓰지 않는다. 자연은 생명
> 의 전체 조직 내의 모든 내부 기관과 모든 미묘한 체질적 차이에
> 작용한다.
>
> 찰스 다윈 지음, 장대익 옮김, 『종의 기원』 중에서

육종가를 '자연'으로, 육종가의 인위적 선택을 '자연선택'으로
바꾸어 생각해 보자. 다윈은 인간이 새로운 개를 만들어 낼 수 있
다면 자연도 충분히 그럴 수 있지 않느냐고 묻는다. 인간은 짧은
시간 안에 새로운 개를 만들어 내는 반면 자연은 시간이 조금 오래
걸릴 뿐이라고. 다시 말해 자연에 의해 종이 변화하고 새로운 종이

만들어질 수 있다는 주장이다.

　우리도 한번 상상해 보자. 지구온난화로 지구의 평균기온이 계속 올라간다면 어떤 사람이 최후에 살아남을까? 진화는 오랜 시간에 걸쳐 일어나는 일이다. 지질학적 시간, 다시 말해 몇만 년 단위의 시간이 필요하다. 그러니 기후 변화가 그렇게 오랫동안 일어나고, 인간이 그만큼 오래 존재한다고 가정해 보자. 뜨거운 지구에서는 몸의 표면적이 넓어서 체온조절을 잘하고, 멜라닌 새소가 많아서 강한 자외선으로부터 피부를 보호할 수 있는 사람이 살아남는 데 유리할 것이다. 그렇다면 그때의 인류는 지금의 우리와 달리 마르고 키가 훌쩍 크고 손가락과 발가락 등 신체의 말단부가 넓은 데다 피부가 까무잡잡한 사람이 대부분일 것이다.

　다윈은 진화를 일으키는 주된 방식이 자연선택이라고 했다. 모든 종은 각각의 세대마다 실제로 생존할 수 있는 것보다 훨씬 더 많은 수의 자손을 생산한다. 그런데 그 자손들은 유전적으로 서로 조금씩 다르다. 이 개체들은 험난한 환경에 노출되고, 이들 중에 생존에 유리한 형질을 가진 개체가 살아남는다. 그렇게 이들이 가진 형질 중 일부가 자손에게 전달되면서, 오랜 시간이 지나면 이전과는 다른 모습으로 변화하게 된다. 인간도 험난한 환경인 기후 변화에 오래 노출되면, 생존에 유리한 형질을 가진 마르고 키가 크고 말단부가 넓은 까무잡잡한 개체가 더 많이 살아남아 그 형질을 자손에게 전달할 것이다. 그 결과, 오랜 시간이 지나면 지금과는 전혀 다른 모습의 인간이 될 것이다.

진화론의 오해를 풀면 놀랍도록 다채로운 생명의 나무가

이제 처음부터 궁금했던 원숭이 진화의 비밀을 풀고, 진화론의 오해도 함께 풀어 보자. 인간이 원숭이에서 진화했다는 말이, 지금 동물원에서 나와 마주 보고 있는 원숭이가 내 조상님이라는 말과 같은 뜻일까? 비슷한 오해로 "원숭이는 얼마나 지나야 인간이 될 까?"라는 질문도 있다. 실제로 다윈이 『종의 기원』을 발표했을 때 많은 사람이 똑같은 이야기를 하면서 비웃기도 했다. 하지만 인간 이 원숭이에서 진화했다는 말은 동물원 우리에 갇혀 있는 바로 그 분이 나의 조상이라는 뜻이 아니라, 원숭이와 인간은 조상이 같다 는 뜻이다. 인간과 원숭이는 약 5000만~2000만 년 전쯤 공통 조상 에서 갈라져 나와 각각 진화해 왔기 때문이다.

여기서 잠깐, 원숭이와 유인원도 구분해 보자. 원숭이와 유인원 은 비슷하지만 엄연히 다른 종류의 동물이다. 꼬리가 있으면 원숭 이, 없으면 유인원이다. 침팬지, 고릴라, 오랑우탄은 유인원이다. 원숭이와 고릴라를 같은 동물로 생각하면 원숭이도 고릴라도 피 차 서운해한다. 유인원이 인간과 더 가까우며 원숭이, 유인원, 인간은 모두 영장류_{영장목}에 속한다. 놀랍게도 인간과 침팬지의 유전자는 98.6퍼센트나 일치하니 인간이 특별하다고 너무 빼길 일은 아니다.

아무튼 진화는 원숭이가 사람으로 변하고, 늑대가 개로 변하는 마술이 아니다. 오랜 시간 동안 종의 특성이 다양해지면서 새로운 종으로 가지 쳐서 나아가는 과정이다. 나무줄기에서 가지가 뻗어 나가는 모습을 생각하면 좀 더 이해하기 쉽다. 원숭이와 사람의 공통 조상에서 원숭이는 원숭이대로, 인간은 인간대로 분리되어 진화해 왔다. 따라서 인간의 선조를 따라서 거슬러 올라가다 보면 침팬지, 고릴라, 오랑우탄, 원숭이 등 오늘날 우리와 함께 살아가는 영장류를 만나는 것이 아니라, 지금과는 다른 모습을 한 인간과 유인원과 원숭이의 공통 조상을 만나게 되는 것이다.

여기서 멈추지 않고 계속 올라가면 어떻게 될까? 돼지, 소, 개, 고양이, 닭과 악어, 도롱뇽, 물고기, 곤충과 나무, 그리고 수많은 세균까지 같은 뿌리를 공유하는 조상과 만난다. 진화의 시계를 거꾸로 거슬러 올라가다 보면 지구에 사는 모든 생물들의 공통 조상을 만나게 되는 것이다. 그건 바로 우리가 모두 하나의 세포에서 시작했다는 말과도 같다. 그것을 '생명의 기원'이라고 한다.

"뭐라고? 파리도, 나도 하나의 세포에서 출발했다고?"

이 말을 우리는 정말로 받아들일 수 있을까? 그렇다면 지금 여기 내 곁에 살아 있는 모든 생명들과 우리는 어떤 관계인지 질문할

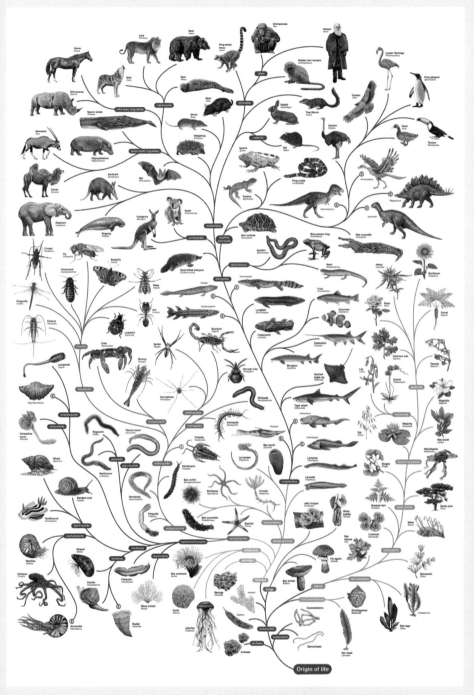

● 공통 조상에서 뻗어 나가는 생명의 나무.

수밖에 없다.

"넌 대체 누구냐?"

진화에 대한 또 다른 오해는 사자나 독수리처럼 "강한 놈이 진화적으로 성공한 존재이다."라는 말이다. 진화와 관련된 이야기들은 대부분 정글의 모습과 같다. 그래서 강한 놈이 이기는 건 자연법칙에 따라 당연한 일이고, 승리한 강자가 모든 것을 가지는 건 함께 살아가야 할 사회에서 불편하지만 합당한 일이라고 생각하게 된다. 그런데 다윈의 진화론을 가만히 살펴보면, 센 놈이 살아남는 것이 아니라 살아남은 녀석이 환경에 가장 적합한 놈일 뿐이다. 만약 강한 놈만이 진화 과정에서 살아남는다면 지구에는 사자나 독수리, 인간과 같은 상위 포식자만 존재해야 한다. 하지만 지구상에서 최고의 상위 포식자인 인간을 가장 위협하는 것은 사자도 독수리도 아니라 바이러스 또는 세균과 같은 것들이다. 물리적으로 힘이 세든 약하든, 크기가 크든 작든 주어진 조건에서 생존하기 가장 적합한 생명체가 최후의 생존자가 될 수 있다.

다윈은 진화를 종 사이의 우열을 가르는 '사다리'가 아니라 '생명의 나무' 개념으로 바라봤다. 사방으로 벋어 자라난 나뭇가지에는 위아래가 있는 것이 아니라 수많은 다양함과 아름다움이 있다. 지금 여기에 살아남아 존재하는 모든 생명은 각각의 환경에서 가장 적합한 '적자'인 것이다. 적자란 자연 속에서 환경에 적합한 유전자를 가진 개체를 말한다. '적자생존' 역시 승자 독식, 약육강식이 아니라 환경에 가장 잘 맞는 생명체가 살아남는다는 말로 이해해야 한다. 따라서 인간이 모든 종의 가장 우위에 있는 것이 아니라, 현재 우리와 함께 살아가는 모든 종은 각자의 방식으로 존재하는 것이다.

정상과 비정상도, 고등 생물과 열등 생물도 없다. 우연과 선택, 그리고 각자의 삶이 있을 뿐

이제 진화에 대한 마지막 이야기를 할 시간이다. 진화는 정해진 방향이 없다. 생명이 진화하는 과정을 가만히 살펴보면 단세포생물에서 다세포생물로, 단순한 기관에서 복잡한 기관으로, 무성생식에서 유성생식으로, 하나의 개체에서 많은 군체로 변해 가는 모습이 보인다. 얼핏 보면 마치 단순한 것에서 복잡한 방향으로 진화가 이루어진다고 생각할 수 있다. 맞다. 진화를 통해 단순한 구조에서 복잡한 구조로 생명체들이 다양하게 변화했다.

그러나 진화의 역사에서 생명의 복잡성이 계속해서 증가한다고 해도, 태곳적부터 지금까지 단순한 구조 그대로인 박테리아는 복잡한 구조의 다른 개체들보다 그 수가 훨씬 많고, 지구상 어디에나 없는 곳 없이 존재한다. 이들의 진화 과정을 제외하고 방향을 이야기할 수 있을까? 따라서 진화는 꼭 복잡한 방향으로 나아간다고 말할 수 없다. 종이 지속적으로 변화하는 과정에서 변화의 폭이 증가하고 있지만, 복잡성이 증가한다고 확정 지어 이야기할 수는 없다는 뜻이다.

아프리카와 중앙아메리카 지역에는 낫 모양 적혈구인 '겸상 적혈구'를 가진 사람들이 많다. 겸상 적혈구는 유전자 이상으로 인해 말 그대로 적혈구 모양이 원반형이 아닌 낫 모양으로 변형된 것이다. 낫 모양의 적혈구는 정상 적혈구보다 산소를 운반하는 능력이 무척 떨어지기 때문에 심각한 빈혈에 시달리게 된다. 그런데도 아프리카 지역에는 겸상 적혈구를 가진 사람의 수가 건강한 사람 못지않게 많다. 그들이 살아남을 수 있었던 이유는 말라리아 때문이다. 말라리아를 일으키는 말라리아원충은 몸속 적혈구를 파괴하는데, 정상 적혈구와 달리 겸상 적혈구는 쉽게 파괴하지 못한다. 그래서 정상 적혈구를 가진 사람들은 일찍 말라리아에 걸려 목숨을 잃고, 겸상 적혈구를 가진 이들이 많이 살아남아 대를 이어 가는 것이다.

이처럼 진화는 환경에 잘 적응해 번식하는 것일 뿐이다. 진화는 정해진 목적이나 방향성이 없는 우연한 변화에 가깝다. 지구의 모든 생명체는 수십억 년 동안 수많은 우연을 통과해 지금 각자의 모습이 되었다. 만약 지구의 시간을 거꾸로 되돌려 처음부터 다시 진화를 시작한다면 생물들의 모습이 지금과 같을 수 있을까? 다윈 이후 최고의 진화학자 중 한 명이자 하버드대학교 교수였던 스티

븐 제이 굴드는 '테이프를 재생'해 역사를 재연하는 것은 불가능하다며, "테이프를 수백만 번 재생하더라도 호모사피엔스 같은 생물이 다시 진화해 나올 것이라는 데는 의문이 든다."라고 말했다. 우연이라는 말은 왠지 허무하거나 가볍게 느껴지기도 한다. 그러나 뒤집어 보면 우연을 통해 존재하는 이 모든 생명이 엄청나게 놀랍고 경이롭게 느껴진다. 지금 이 순간 살아 있는 모든 생명이 각자의 방식으로 존재할 수 있었던 이유가, 오랜 진화의 역사 속에서 우연히 이루어진 일이라는 게 신기할 따름이다.

존재하는 생명들 사이에 절대 우위란 없다. 열등해 보이는 생명도 언젠가는 최적자가 될 가능성이 있기 때문이다. 이것이 바로 다윈이 이야기하는 진화이다.

● 다윈의 섬 갈라파고스제도의 이구아나.

7

우주

지구 너머 인간을
마주하는 코스모스

희망과 절망 사이를 비행하는 우주왕복선

"위로, 위로, 열광으로 불타는 찬란한 창공으로! 근심 없이 바람 부는 상공에 올랐네."

미국 플로리다주 케네디우주센터. 사람들은 기승을 부리는 추위에 발을 동동거리면서도 인류의 우주 개척이라는 기대감을 새하얀 입김으로 내뿜으며 우주왕복선 챌린저호의 발사를 기다리고 있다. 무려 25번째 임무를 맡은 챌린저호는 새로운 중계 기술을 선보일 인공위성 TDRS-B를 궤도에 진입시키고, 핼리혜성을 관측할 계획이다. 이번에는 특별히 우주에서 색소폰을 연주하고 원격으로 과학 수업을 하는 임무까지 수행하게 되었다.

'선생님을 우주로'라는 기막힌 프로그램을 통해 1만 1000명의 교사 후보자 중에서 선발된 샤론 크리스타 매콜리프가 최초의 민간

인으로 탑승해서일까? 평범한 사람도 우주라는 미지의 공간을 누
릴 차례가 성큼 가까워진 것만 같다. 오전 11시 38분, 드디어 카
운트다운. 챌린저호는 드넓은 우주를 향해 힘차게 솟구쳐 올랐다.
발사 과정이 생중계돼 텔레비전 앞에 가족과 이웃이 모여 앉아 인
류의 위대함에 힘찬 박수를 보내기 시작했다.

"피우우우……, 콰광!"

박수 소리가 잦아들 무렵 믿을 수 없는 광경이 눈앞에 펼쳐졌다.
우주왕복선이 화염에 휩싸이더니 공중에서 그대로 폭발해 버린
것이다. 거대한 불꽃놀이 쇼를 잘못 본 걸까? 그럴 리 없다. 믿기
어렵지만 천문학적인 비용을 들여 첨단 과학기술로 무장한 어마어
마한 우주선이 일곱 명의 인류를 태우고 하늘로 치솟다가 73초 만
에 대기권에서 산화되고 말았다.

한 땀 한 땀 정성으로 세워 놓은 도미노, 그 첫 번째 조각을 틱!
하고 치면 주르륵, 환상적인 움직임으로 도미노 조각들이 연이어
쓰러진다. 그러나 눈으로 좇아가기도 바쁜 쓰러짐은 도미노의 간
격이나 각도가 조금이라도 맞지 않으면 일순간에 멈추어 버리고,
기쁨의 탄성은 절망의 탄식으로 바뀌고 만다. 발사대에 고드름이
주렁주렁 매달릴 정도로 추웠던 1986년 1월 28일, 사람들에게 친
근하게 다가가려 계획했던 혁신적인 우주 프로그램은 시작하자마
자 멈춘 도미노처럼 안타깝다 못해 끔찍한 비극이 되고 말았다. 어

● 우주왕복선 챌린저호 폭발 순간.

쩌다 이러한 대참사가 일어난 걸까?

사고가 발생한 뒤, 달에 인류의 첫발을 내디뎠던 우주 비행사 닐 암스트롱과 노벨 물리학상 수상자인 리처드 파인먼이 포함된 사고조사위원회가 꾸려졌다. 원인은 부품의 하나인 오링o-ring이 라는 동그란 고무 고리가 제 기능을 못한 탓이었다. 엄청난 무게의 우주왕복선이 지구의 중력을 이겨 내고 탈출에 성공하려면 강력 한 추진력이 필요하다. 아이언맨이 손바닥을 땅 쪽으로 향하게끔 손목을 꺾어 화염을 뿜으며 공중으로 높이 떠오르는 모습을 떠올리면 이해하기 쉽다. 추진력을 만드는 고체 로켓 부스터는 2분 동안 연료를 소모한 뒤에 빈 깡통이 되어 우주왕복선에서 분리될 예정이었다. 고체 로켓 부스터의 이음새 부분은 뒤틀리지 않도록 탄성이 있는 고무 오링으로 접합하는데, 영하의 차가운 날씨 때문에 고무가 탄성을 잃어 부드럽게 변형되지 못하는 바람에 틈이 생기고 말았다. 그 틈새로 뜨거운 연소 가스가 거세게 새어 나오기 시작했고, 결국 연료 탱크가 파손되어 터져 버렸다. 폭발과 동시에 승무원들을 실은 캐빈이 하늘로 튕겨 올랐고, 짧은 비명과 함께 대서양으로 추락해 모두 즉사했다. 그렇게 지구와 우주의 경계는 삶과 죽음의 경계와 맞닿아 있었다.

기계적 결함보다 더 심각한 문제는 미국 항공우주국NASA, 나사과 제작업체가 연결 부위의 뒤틀림 문제를 이전부터 인지하고 있었다는 사실이다. 챌린저호 발사 전날에도 환경 변수의 영향이 큰 고무 오링의 탄성 문제로 일부 공학자들이 결정권자들에게 발사 보류를 요청했다. 하지만 우주 강국이라는 체면과 설마 그럴 리 없다는 안일함이 의사 결정 과정의 탄력성마저 잃게 만들었다. 이 작은 부품의 문제점은 '감수할 수 있는 수준의 위험'으로 눙쳐져 발사가 강행되었고, 결국 속절없이 대참사가 일어나고 말았다.

그 뒤 챌린저호 참사는 공학 윤리와 우주 진출에 대한 교훈의 중요한 기점이 되었다. 하지만 안타깝게도 비극은 또다시 되풀이되었다. 2003년 2월 1일, 최초의 우주왕복선 컬럼비아호가 28번째 임무를 마치고 미국 텍사스 상공에서 대기권으로 진입하는 도중 섭씨 1500도에 이르는 공기와의 마찰열을 견디지 못하고 역시나 승무원 일곱 명과 함께 홀연히 불타올라 공중분해가 되고 말았다. 이 또한 3만여 개나 되는 과열 방지용 단열 타일 중 단 몇 조각이 떨어져 나가서 일어난 참사였다.

우주왕복선은 135번에 걸쳐 임무를 수행했지만, 두 차례는 우주 비행사들이 목적지에 도달하지 못하고 목숨을 잃었다. 제아무리 야심 차게 여러 번 드나든 우주일지라도, 지구인에게 우주는 언제나 익숙하지 않고 감당하기에 역부족인 공간이다. 이는 우리가 이 두 폭발 사고를 계속 떠올리고 마주해야 하는 이유이다. 경기도 양주에 있는 송암천문대에는 '챌린저 센터'가 있다. 우주에 대한 청소년들의 꿈과 희망이 좌절되지 않도록 희생된 우주 비행사들의 유가족들이 기금을 모아 전 세계에 만든 우주과학 학습 센터 중 하나이다.

인류는 그동안 태양계의 형성과 진화를 이해하고, 우주의 모습을 짐작하면서 생각의 폭을 넓혀 왔다. 위성 위치 확인 시스템GPS, 태양전지, 의료 기기 등 우주를 탐사하는 과정에서 발전시킨 과학기술을 일상에서 누리며 삶의 질을 높였다. 여전히 지구 밖은 안전을 보장받기 어려운 미지의 환경이지만, 인류의 꿈은 우주 탐사를 넘어 우주 개척으로 향하고 있다.

2020년 5월, 우주는 우리에게 한 발 더 가까이 매력적으로 다가

왔다. 영화 속 히어로처럼 날렵한 우주복을 입은 우주 비행사들은
국가 우주 기관이 아닌 민간 기업이 저비용으로 만든 유인우주선
을 타고 날아올라 국제우주정거장ISS에 도킹한 뒤, 62일 동안 임무
를 수행하고 바다에 안착함으로써 무사 귀환에 성공했다. 이로써
지구 궤도를 정기적으로 드나들며 인류의 공간을 확장하겠다는
의지와 가능성이 다시금 공감을 얻었다.

우주급 상술에 떠도는 우주법

바이러스로 해외여행도 쉽지 않으니, 우주로 휴가를 떠나 보면
어떨까? 우주여행은 이제 더 이상 남의 이야기가 아니다. 우주 관
광 상품도 다양하다. 25만 달러약 3억 원면 우주캡슐을 타고서 지상
에서 약 100킬로미터 위 지구 저궤도에 올라 5분간 무중력 상태로
푸른 행성 지구를 내려다보고 우주를 관찰하는 특별한 경험을 할
수 있다. 한 번 오갈 때 승무원 2명과 승객 6명이 탑승하는데, 이미
600여 명이 예약한 만큼 서둘러야 할지 모른다. 호텔 휴가를 원한
다면 950만 달러약 109억 원로 12일간 초호화 우주 호텔에 머물면서
하루 평균 16번의 일출과 일몰을 감상할 수 있다. 나사가 우주 관
광 산업 활동에 국제우주정거장을 개방한다고 하니 돈만 넉넉하
다면 얼마든지 우주인이 될 수 있다. 물론 아무리 관광일지라도 우

● 우주정거장에서 지구를 내려다보는 여성 화학자이자 우주 비행
사 트레이시 콜드웰.

주 적응을 위한 사전 훈련은 필수이다. 이렇듯 국가에서 민간 기업
으로, 우주 비행사에서 시민으로, 점점 우주로 진입하는 장벽이 낮
아지고 있다. 까딱하다 우주에 가게 생겼다.

우주여행 대신 땅을 사는 방법도 있다. 1626년 네덜란드 이민
자들은 인디언들에게 24달러 가치에 해당하는 유리구슬 장신구를
주고 뉴욕 맨해튼 지역을 모두 사들였다. 현재 맨해튼의 토지 가격
은 600억 달러약 64조 7600억 원를 훌쩍 넘는다고 한다. 그렇다면 24달
러를 주고 달이나 화성을 구입하면 어떨까?

"1에이커약 4000제곱미터, 약 1200평으로 축구장 절반 넓이에 19.9달러, 보유세금 1.51달러와 서류 비용 등을 포함해 총 24달러면 달과 행성, 위성의 땅 어디든지 장만할 수 있습니다."

우주 부동산 광고이다. 마음대로 달 대사관 '루나 엠버시'를 창립한 데니스 호프는 미국의 현직·전직 대통령들과 할리우드 스타들, 그리고 나사 직원들까지 포함해 지구인 630만 명에게 외계 토지를 팔아 1100만 달러를 거머쥐었다. 국내에서도 유명인들을 비롯해 약 9600명이 외계 토지를 구입했다고 한다. 어떻게 이 같은 일이 가능했을까? 그는 1980년, 달을 포함해서 태양계의 모든 행성과 위성에 대한 자신의 소유권을 인정해 달라는 소송을 제기했고, 의아하겠지만 샌프란시스코 지방법원이 그의 소유권을 인정해 주었다. 상황의 전말은 이러하다.

미국과 소련 사이에 우주 경쟁이 치열했던 1967년, 국제연합 UN은 '우주 천체 조약'을 체결했다. 우리나라를 비롯해 현재까지 109개국이 여기에 서명했다. 태동기를 맞은 우주 법에 담긴 17개 조항의 핵심 내용은 다음과 같다.

우주 활동은 인류 공동의 이익을 위해 평화적·과학적인 목적으로 이뤄져야 하며, 어느 특정 국가도 우주 공간과 천체에 대해 소유권을 주장할 수 없다.

평화롭고 장엄한 약속임에 틀림없다. 그런데 이 조약에는 치명적인 결함이 있었다. 바로 국가 활동만을 규정하고 개인의 소유에 대해서는 제한하고 있지 않다는 점이다. 당시에는 민간이 우주에 가기 어렵다고 판단해 그 부분을 등한시했다. 어쨌든 개인과 민간 기업에 관한 금지 사항이 빠져 있으니, 법원도 속수무책. 조약의 허점을 노려 천체의 소유권을 주장한 데니스 호프의 손을 들어주지 않을 수 없었다. 이로써 지금도 누군가는 24달러를 지불하고 달나라 땅문서를 선물하고 있을지 모를 일이다.

국제연합은 1979년에야 비로소 규제를 좀 더 강화한 '달 조약'을 도입했다. 1984년에 효력이 개시된 이 조약은 "달을 비롯한 기타 천체에서 얻을 수 있는 천연자원은 인류 공동 유산"이라는 내용으로, 국가를 비롯한 개인들과 민간 기업들의 착취를 금지했다. 이와 비슷하게 미래의 자원 고갈에 대비해 심해저의 광물 자원을 공동 유산으로 정의해 놓은 '유엔 해양법 협약'도 있다. 국제해저기구ISA가 망간, 니켈 등 해저 자원을 관리하고 공정한 심해저 연구와 개발을 감시하고 있다. 덕분에 앞선 기술을 가진 선진국이 바닷속 천연자원을 독점하지 않게 된 것이다.

달 조약 또한 앞으로 달의 천연자원 개발이 가능해지면 국제기구를 마련해 독점을 막으려는 의지를 나타내고 있다. 하지만 우주 개발에 박차를 가하고 있는 선진국 입장에서는 찬물을 끼얹는 일이라 2020년 현재 185개국 중 우주 탐사 능력을 갖추지 못한 18개

● 달에 기지를 세우고 자원을 채굴하는 크롤러 장비와 물을 찾기 위해 화성 표면을 드릴로 굴착하는 로버의 상상도.

국만 여기에 동의하고 있다. 미국, 러시아는 물론 우리나라를 비롯한 주요국들이 아직 가입을 미루고 있는 것이다.

이런 국제조약은 실제로 법적 강제성이 없어서 우주에 잠재된 천문학적 이익을 놓치고 싶지 않은 우주 강국들이 앞으로 이를 지켜 나갈지 의문이다. 지구를 잠깐 스쳐 지나간 한 소행성에 니켈, 팔라듐 등 금속 자원뿐만 아니라 무려 약 5조 3000억 달러약 6070조 원에 달하는 백금 덩어리가 매장된 것으로 알려졌다. 화성과 목성 사이를 떠다니는 소행성이 수백만 개에 달하니 그 가치를 감히 다

헤아릴 수조차 없다.

더군다나 2010년대 이후로 혁신과 IT 기술로 무장한 민간 기업들이 우주산업에 뛰어들면서 국가 주도로 고비용 발사체를 쏘아 올리던 기존의 '올드 스페이스' 시대는 막을 내리고, 민간이 주도하는 저비용 '뉴 스페이스' 시대가 열렸다. 급기야 2015년 미국은 민간 우주개발을 장려하기 위해 '상업적 우주 발사 경쟁력 법 CSLCA'을 새롭게 제정했다. 이를 근거로 미국의 민간 기업과 개인은 우주 자원에 대한 소유권을 주장할 수 있게 되었다. 이제 우주 조약보다는 민간 우주개발을 지원하는 각 나라의 국내법이 우선으로 적용되는 것이다.

태양계가 만들어진 후, 수많은 행성과 천체들은 지구와는 달리 수십억 년 동안 있는 그대로의 모습을 지켜 왔다. 이 모든 외계 천체와 우주 자원을 개발하고 소유할 권리가 과연 지구인에게 있는 것일까? 지구인의 이익과 논리를 앞세워 마음대로 파헤치고 개발하는 것이 정말 옳은 일일까? 답을 찾기도 전에 이대로 외계 천체 개발이 허용된다면, 적어도 지구인 전체에 도움이 되는 방향이어야 한다. 그렇다면 우주 선진국의 독점이 아닌 인류 공동의 이해를 바탕으로 한 국제 기준은 어떻게 마련해야 할까? 외계 천체 토지 소유는 어느 정도까지 허용해야 할까? 국제기구를 마련해 우주개발로 이익을 얻는 만큼 세금을 내게 하고 이 돈을 모두를 위한 우주개발에 사용한다면 불평등이 해소될까? 로봇 활동을 인간 활동과 똑같이 볼지도 미리 정해 놔야 하지 않을까?

달 착륙을 시도하다가 추락한 이스라엘의 민간 무인 탐사 우주선 베레시트는 지구 멸망에 대비해 인류의 DNA 정보와 지구 생물들을 실어 외계로 보내는 일종의 지구 백업 작업을 시도했다. 크기가 1밀리미터도 채 안 되지만 지구 최강 생명체인 완보동물 물곰 수천 마리를 우주선에 실었던 것이다. 곰벌레라고도 불리는 물곰은 섭씨 150도의 고온이나 영하 272도의 저온에서도 생존할 수 있으며, 물이나 공기, 먹이가 없는 극한 환경에 처하면 몸을 공처럼 말아 가사 상태로 수십 년도 버틴다. 치명적인 방사성 물질도 견디는 동물이라 달에서 생존해 있을 가능성이 높다고 한다. 이렇게 지구 생명체를 달이나 외계로 보내도 괜찮을까? 어떤 식으로든 우주 환경을 오염하는 행동을 어떻게 막을 수 있을까? 앞으로 아프리카 대륙처럼 식민지가 되어 수난을 겪을지도 모를 달나라 문제들을 의논하고 해결할 우주법이 꼭 필요하다.

🔵 달을 딛고 화성으로, 지구 밖으로의 행군

우리는 병원비 낼 돈도 없는데, 백인들은 달 위를 걷고 있네.

10년이 지나도 나는 빚을 갚고 있겠지만, 백인들은 달에 가네.

집세가 올랐지. 왜냐하면 내가 낸 세금이 달로 갔기 때문에.

집에 뜨거운 물은 안 나오고, 화장실도 없고, 불도 안 켜지는데, 백

인들은 달에 가네.

이 노래 가사는 나사의 우주 계획을 비판한 흑인 운동가 길 스
콧 헤론이 1970년에 쓴 〈달 위의 백인〉 중 일부이다. 당시 미국이
인간을 달에 보내겠다는 아폴로 계획에 투입한 예산은 현재 가치
로 약 2000억 달러약 235조 원에 달했다. 가난한 국민들은 분노했고,
실제 나라 살림도 휘청거릴 정도였다고 한다. 인류는 1969년 아폴
로 11호의 닐 암스트롱이 달에 첫발을 내디딘 이후 여섯 번을 더
달 위에 섰고, 1972년 12월 아폴로 17호를 마지막으로 3년간의 영
광을 뒤로하고 더 이상 달을 밟지 않았다. 더 가 봐야 얻을 게 없었
기 때문이다.

그렇게 반세기 동안 인간은 달 방문을 끊었지만, 여러 나라에
서 계속 달에 탐사선을 보낸 덕분에 달에는 매장량의 25퍼센트만
지구로 가져와도 200~500년 동안 사용할 수 있는 청정 연료인 헬
륨-3가 있고, 스마트폰과 각종 첨단 기기에 사용되는 희귀 자원
인 희토류가 수 톤가량 매장되어 있다는 정보를 얻게 되었다. 그
사이에 중국은 세계 최초로 달의 뒷면에 착륙하는 데 성공했다. 중
국은 미국을 희토류로 압박하고 미국은 중국을 헬륨으로 견제하
는 자원 경쟁, 경제 전쟁을 생각하면 달의 가치가 얼마나 부상했는
지 알 수 있다. 이러한 까닭에 전 세계가 코로나19와 싸우는 동안

에도 달을 향한 경쟁은 멈추지 않고 있다.

　나사는 아폴로호의 착륙 이후 52년 만에 다시 32조 원의 예산을 투입하여 인간을 달에 보내겠다고 발표했다. 아폴로의 쌍둥이 누이인 달의 여신 '아르테미스Artemis'의 이름을 본뜬 이 프로젝트로 최초의 여성 우주인이 달의 남극에 발자국을 찍게 될지도 모른다. 이번에는 달 기지를 세워 상당 기간 머물면서 인간이 살 수 있는 환경을 만드는 실험을 하고, 이를 발판 삼아 화성에까지 발자국을 찍겠다는 것이다. 미국뿐만 아니라 중국, 일본, 유럽도 덩달아 화성에 사람을 보내려 하고 있다.

　인간이 화성에 발을 딛고서 바라보는 풍경이 이렇지 않을까 싶은 에티오피아의 달롤 화산은 대자연만이 만들 수 있었을 놀라운 구조와 색깔을 지닌 그야말로 천연의 예술 작품이다. 달롤 화산은 과학자들이 화성과 같은 극한의 환경에서 살아가는 미생물을 연구하기 위해 탐사하는 곳이기도 하다. 이곳으로 향하는 길목에 아파르족의 마을인 아발라가 있다. 이 작은 마을은 적도와 가까워 연일 태양 빛이 내리쬐는 데다 얇은 지각 밑에서 들끓고 있는 마그마의 열기까지 더해진 뜨거운 땅을 여행하는 이들에게 휴식처와 같은 장소이다. 바짝 말라 깨지고 부서진 돌바닥 사이사이에서 누군가가 목을 축이고 버린 플라스틱 생수병 쓰레기들이 슬픈 푸른빛으로 넘실대고, 여러 국적의 차들이 빽빽이 오가는 길에서 사람들은 따스하고 진한 커피 한 잔으로 심신을 축이고 에너지를 얻는다.

● 에티오피아 다나킬사막의 달롤 화산 유황 호수.

2028년 달의 남극에 건설하겠다는 달 기지도 이 마을처럼 탐사의 중간 기점 역할을 할지 모른다.

유럽우주국ESA의 달 탐사 연구 책임자 버나드 포잉은 "달의 극지방에는 1년 내내 태양 빛이 들지 않은 '영구 음영' 구역이 있어서 물이 10억 톤 정도 얼음 상태로 존재한다. 따라서 우주인의 식수와 산소, 로켓의 에너지원으로 쓸 수 있는 수소까지 활용할 수 있다."라고 말했다. 또 달의 남극에는 태양이 지지 않는 '빛의 정점' 구역이 있다고 언급해 태양광발전을 이용하기도 좋다. 무엇보다 달은 중력이 지구의 6분의 1에 지나지 않아 지구보다 우주선을 더 쉽게 발사할 수 있으니, 지구의 남극처럼 달의 남극에도 세계 각국의 기지들이 세워질 날이 머지않아 보인다.

먼 미래에 지구환경이 손쓸 수 없이 손상되는 것을 우려해 붉은 행성 화성을 인간이 살 수 있는 푸른 행성으로 바꾸려고 계획하고 있다. '테라포밍 마스Terraforming Mars'라는 이름의 이 계획은 평균기온이 섭씨 영하 60도이고, 대기는 지구의 100분의 1로 인간이 살아가기에는 가혹한 환경인 화성을 온실 기체로 데워 지구화하는 것이다. 화성 전체는 어렵더라도 부분적으로 테라포밍을 한다면 인간이 지속적으로 생존할 수 있는 생태 환경을 만들 수 있지 않을까 기대하고 있다. 실제로 우리는 이미 우주 개척 시대를 준비하기 위해 미국 애리조나 사막 한가운데에 햇빛을 제외하고는 외부와 차단된 형태로 지구를 모방한 인공 생태계를 만들어 생존 실

험을 해 보았다. '바이오스피어2Biosphere2'로 불리는 이 프로그램
은 지구를 그대로 모방한 구조물에 150종의 농작물과 3000종의 동
식물을 집어넣어 생태계를 완벽히 구현했다. 하지만 조금씩 공기,
물, 에너지가 균형을 잃기 시작하더니 순식간에 연속 붕괴가 가속
화되며 무너져 버렸다. 인공 생태계를 건설하려는 시도보다 하나
뿐인 소중한 지구 생태계, 즉 '바이오스피어1'을 살리고 유지하려
는 노력이 더 중요하지 않을까?

🌑 인간이 지나간 우주에 남는 것들

탄자니아 잔지바르 눙위 해변의 밤하늘을 수놓은 남십자성의
아름다움에 푹 빠져 있을 때 쯤, 한 입 베어 문 햄버거 모양 달 옆으
로 'EAT Big Mac'이라는 문구가 둥둥 떠다닌다면 어떨까? 만년설
을 머리에 얹은 아름다운 킬리만자로산 위로 코카콜라 로고가 별
자리처럼 떡하니 자리를 잡는다면? 당장은 신기해서 스마트폰을
꺼내 들겠지만 이내 눈살이 찌푸려질 것이다. 하지만 러시아 기업
스타트로켓은 지구에서 쏘아 올린 여러 개의 초소형 인공위성 큐
브샛CubeSat을 지구 상공 400~500km로 쏘아 올려 사각형의 반사
판을 쫙 펼쳐 태양 빛을 반사해 기업 광고를 내보내려고 시도하고
있다. 스타트로켓은 이런 방식이 기업 홍보뿐 아니라 자연재해와

같은 위급 상황에서 비상 알림용으로 쓰일 수도 있다고 덧붙였으나 비판의 목소리는 거셌다. 어떤 권리로 인류 모두의 것인 밤하늘 환경을 상업적인 광고 문구로 훼손하느냐는 비난과 더불어, 이는 빛 공해이며 천체관측 연구를 방해할 것이라는 비난마저 쏟아졌다. 반면에 우주 공간의 상업화는 피할 수 없으며, 새로운 미디어를 개발한 것뿐이라는 평가도 이어졌다.

무게가 1킬로그램 안팎으로 가로×세로×높이가 각각 10센티미터쯤 되는 육면체 모양의 큐브샛은 제작비가 대략 1억 원으로 저렴하고, 발사비 또한 킬로그램당 1억 원에 그쳐서 대형 위성보다 1000분의 1 수준으로 경제적이다. 이런 큐브샛의 활용이 꼭 상업적인 것만은 아니다. 급격한 기상 변화를 관측하고, 우주 자기장을 조사하는 등 다양한 임무를 수행하고 있으며, 화성 탐사선 '인사이트'에 함께 실려 간 쌍둥이 큐브샛 마르코 A와 B는 탐사선이 화성에 착륙하는 과정을 생중계해 지구에 전송하는 역할도 했다. 뿐만 아니라 가나, 나이지리아 등 아프리카 국가들이 선진국의 도움으로 우주 큐브샛 기술을 익혀 발사하는 등 우주개발의 문턱도 낮추고 있다.

2018년 12월에 발사된 우리나라의 '차세대 소형 위성 1호'는 발사체 재활용 기술력을 보유한 민간 우주 기업 스페이스X의 팰컨 9 로켓을 타고 날아올랐다. 민간 우주 혁명의 선두에 선 이 기업은 4000여 개의 초소형 위성을 우주로 발사해 우주 인터넷망을 연결하는 '스타링크 프로젝트'도 진행하고 있다. 위성 3236개를 띄우는 IT 기업 아마존의 '카이퍼 프로젝트'까지 승인되었으니, 이미 운영 중인 2600여 개의 위성까지 감안하면 이제 고도 300~1100킬로미터 하늘에 1만 개가 훌쩍 넘는 초소형 위성들이 자리 잡게 된다.

자동 회피 기능이 탑재된다지만 위성끼리 뒤엉키고 부딪쳐서 엄청난 파편이 생겨날 가능성도 높아졌다. 그렇게 되면 우주 탐사가 불가능해지고, 인공위성의 추가 발사도 불가능해지는 위험천만한 '케슬러 증후군'이 발생할 수 있다.

한반도 면적의 7배가 넘는 태평양의 거대한 플라스틱 쓰레기 섬을 처음 접하면 사람들은 대부분 환경오염에 대한 인류의 비양심과 외면에 분노한다. 하지만 그와 동시에 그 거대함에 압도되어 어쩔 수 없다는 무기력한 기분을 느낀다. 하지만 네덜란드의 열여덟 살 학생 보얀 슬랫은 약 1조 8000억 개에 달하는 어마어마한 바다 쓰레기 청소에 나섰다. 그는 쓰레기 문제를 해결하자는 강연과 크라우드 펀딩으로 자금을 마련한 뒤 '오션 클린업'이라는 비영리 단체를 만들어 바다 쓰레기를 가두어 옮길 수 있는 U 자 모양 장치를 개발해 쓰레기를 치우고 있다. 그렇게 2040년까지 전 세계 해양 플라스틱 쓰레기의 90퍼센트를 거둬들일 계획이다. 또 다른 비영리 단체들도 인공지능AI, 자율주행, 드론 등의 기술을 활용해 오염된 강과 바다의 플라스틱 쓰레기와 싸우고 있다. 그렇다면 우주 쓰레기는 어떨까?

● 우주 쓰레기와 해양 플라스틱 쓰레기.

1957년 최초의 인공위성 스푸트니크 1호가 발사된 이후, 세계 각국에서 4000여 차례에 걸쳐 우주로 인공위성을 쏘아 올렸다. 이 과정에서 고장 난 인공위성을 비롯해 모니터 크기, 사과 크기, 구슬 크기의 우주선 파편과 로켓 부품, 공구 등등 온갖 인공 물체들이 우주에 남겨져 지구 궤도를 메우고 있는데, 그 규모가 약 90만 개, 7000톤에 이른다. 이 우주 쓰레기들은 평균 시속 2만 킬로미터의 무시무시한 속도로 지구 궤도를 돌고 있으니 파괴력 또한 위협적이다. 더구나 민간 우주산업이 활기를 띠면서 최근 몇 년간 평소보다 2~3배 많은 우주 쓰레기를 쏟아 냈다.

그동안 정작 우주 쓰레기를 만들어 낸 우주 강대국들은 어마어마한 수거 비용 탓에 이 문제를 외면해 왔다. 그러다 막대한 비용을 들여 발사한 고가의 인공위성이 우주 쓰레기와 부딪쳐 훼손되고, 총알 같은 우주 쓰레기 파편을 피하느라 인공위성의 궤도를 수정하고 감시해야 하는 등 번거로움이 거듭되자 이제야 겨우 우주 쓰레기를 줄이기 위한 대책을 마련하기 시작했다. 폐기물이 적게 나오는 인공위성을 개발하고, 그물, 작살, 자석, 접착 풍선을 이용해 파편을 수거하거나 고열로 태우고 레이저를 발사하는 등 우주 쓰레기 문제를 해결하려는 움직임이 분주해졌다. 그러던 중 드디어 세계 최초로 우주 쓰레기 수거 계획이 발표되었다.

유럽우주국의 주도로 이루어지는 '클리어스페이스1 프로젝트'는 2025년 로켓으로 쓰레기 수거 로봇을 쏘아 올린 뒤 목표 잔해물을 추적할 계획이다. 첫 번째 목표물은 2013년에 유럽우주국이 발사한 소형 위성 베스파의 상부 구조물. 로켓은 목표물을 추적해 임진왜란 때 열 손가락 마디마디에 가락지를 끼고서 진주 남강을 향한 논개처럼 네 개의 로봇 팔로 100킬로그램에 달하는 우주 쓰레기를 끌어안고서 대기권으로 진입해 마찰열로 불태울 것이다. 여기에 드는 비용은 1억 2000만 유로약 1600억 원. 우주 쓰레기 하나를 청소하는 비용치고는 꽤 비싸다. 논개라는 여인의 작지만 결연한 행동이 침략 전쟁을 끝내는 데 하나의 단초가 되었듯이, 우주 쓰레기 수거 계획도 시작은 미약하지만 언젠가는 선장과 선원들이 모는 우주 쓰레기 청소선이 활약할지도 모를 일이다.

코스모스 꽃술을 가만히 들여다보면 불현듯 수많은 별들과 마주하게 된다. 광활한 우주를 향한 인류의 여정은 벅차오르는 감동을 안겨주었지만, 역사적으로 우주 탐사는 오직 평화로운 과학 발전을 위한 것만은 아니었다. 냉전 속에서 급부상한 유인 우주 탐사 프로젝트는 국제정치의 도구로 이용된 가장 비싸고 획기적인 쇼였다는 비판도 받았다. 일리 있는 지적이지만 거대한 예산이 복지가 아닌 우주 탐사에 투입되려면 현실적으로 경제적·군사적 측면에서 반드시 큰 이익이 따라야 한다는 입장도 있다. 최근 우주개발이 민간이 주도하는 상업 개발로 바뀌는 이유이기도 하다.

그동안 많은 사람이 예견했지만 상상 속에서만 머물렀던 달 기지 건설과 화성 이주가 어느새 드디어 현실로 다가왔다. 아무런 대비 없이 소행성 충돌로 지구상에서 사라진 공룡에게서 교훈을 얻은 것일까? 인간은 여섯 번째 멸종 위기 속에서 스스로 자멸하지 않겠다는 일념으로 '세컨드 하우스'가 될 화성이 살 만한지 가 보겠다고 한다. 당장 10년 안에 우주인들의 목숨을 걸고 직접 맞닥뜨리겠다는 것인데 이대로 괜찮을까?

초신성이 폭발하며 우주에 흩어진 원소들은 지구 생명체의 주성분이 되었다. 인간이 아무리 몸속에 우주를 품고 지구라는 행성에서 가장 위대한 방식으로 진화해 마침내 우주로 나가는 길 위에 서 있다 할지라도, 우주 속에서 인류는 먼지보다 작은 행성에 사는 지극히 작은 존재에 지나지 않는다는 사실을 잊어서는 안 될 것이다.

8

미세먼지

푸른 하늘을 가리는
작고 독한 입자들

'좋음'과 '나쁨'을 오가는 잿빛 공기

최근 몇 년간 사람들이 아침에 일어나 가장 먼저 한 일은 오늘의 미세먼지 상태를 확인하는 것이었다. '좋음'인지, '보통'인지, '나쁨'인지에 따라 그날 할 수 있는 야외 활동의 수준이 달라졌기 때문이다. 코로나바이러스가 지구를 덮친 2020년 초봄, 지난 수년간 심각한 미세먼지 때문에 이미 하릴없이 마스크에 익숙해져 있던 경험은 그나마 불행 중 다행이었다.

세계보건기구에 따르면, 전 세계에서 연간 880만 명이 미세먼지 오염으로 초과 사망한다고 한다. 전문가들은 "대기오염으로 코로나19 감염과 사망이 늘어나기도 한다."라며 바이러스 피해를 줄이기 위해서라도 대기오염을 줄이려는 노력을 해야 한다고 말한다. 미세먼지가 뭐길래 그럴까?

● 대한민국 서울의 미세먼지 좋은 날과 나쁜 날.

미세먼지가 어떻게 생겨나는지부터 차분히 알아보자. 미세먼지는 자연적으로 만들어지거나 인위적으로 만들어진다. 자연적으로 만들어진 미세먼지로는 화산 폭발이나 산불로 생겨난 먼지, 흙먼지, 바닷물이 증발하면서 생기는 소금, 박테리아, 식물의 포자, 꽃가루 등이 있다. 화석연료를 태울 때 나오는 매연, 자동차의 배기가스, 마찰로 생기는 타이어 가루, 조리 과정이나 건설 현장에서 날리는 먼지, 밀가루처럼 공장에서 만드는 가루, 소각장의 연기 등은 인위적인 미세먼지로 볼 수 있다. 이들 대부분은 인간이 만들어 낸 것이다.

미세먼지는 만들어지는 이유에 따라 1차와 2차로 구분하기도 한다. 미세먼지가 공기 중에서 다른 물질과 반응하지 않고 처음 상태로 있다면 1차 미세먼지로 구분한다. 반면에 기체 상태의 먼지가 공기 중에서 다른 물질과 화학반응을 일으켜 고체 상태의 미세먼지가 된다면 2차 미세먼지로 구분한다. 특히 2차 미세먼지는 인체에 아주 해로운데, 안타깝게도 이런 먼지가 수도권에서 생기는 전체 미세먼지의 3분의 2를 차지하고 있다.

구체적으로 공기 중의 오염 물질인 휘발성 유기화합물VOCs, 질소산화물, 황산화물이 2차 미세먼지로 만들어지는 과정을 살펴보자. 우선 자동차 배기가스, 주유소 유증기 등에 많이 포함된 휘발성 유기화합물은 불안정하다. 그래서 공격적인, 즉 반응성이 강한 물질인 수산화물OH이나 오존O₃ 등과 화학반응을 일으켜 2차 유기

입자SOP가 된다.

또 자동차가 뿜어내는 배기가스는 대부분 일산화질소NO인데, 이 일산화질소가 공기 중의 산소와 결합하면 이산화질소NO₂가 된다. 이산화질소는 자외선에 의해 산소 원자와 일산화질소로 다시 나뉘는데, 이때 만들어진 산소 원자를 주목해야 한다. 이 산소 원자가 불안정해서 공격적이기 때문이다. 한마디로 이 산소 원자는 반응성이 좋아 산소 분자를 공격해 오존을 만들어 안정을 찾는다. 오존은 무색, 무미의 자극성 있는 기체로 살균이나 탈취에 사용되기도 하고 하늘 높이 성층권에서 해로운 자외선을 막아 지구의 보호막 역할을 하기도 한다. 하지만 우리 일상에서는 눈과 호흡기에 좋지 않고 폐 기능 저하를 가져오기도 하니 주의해야 한다.

그리고 이때 만들어진 일산화질소와 이산화질소 등 질소산화물은 수증기와 반응해서 질산HNO₃을 만드는데, 강산과 반응하기 좋아하는 암모니아 기체를 만나면 질산암모늄NH₄NO₃이라는 고체를 만든다. 마지막으로 이산화황SO₂은 수증기 등과 반응해 황산H₂SO₄이 되고, 다시 암모니아 기체와 반응해 황산암모늄(NH₄)₂SO₄이라는 고체를 만든다. 기체 상태였던 유기화합물, 질소산화물, 황산화물 등이 화학반응을 거쳐서 결국엔 아주 작은 고체 상태의 먼지인 질산암모늄, 황산암모늄이 되는 것이다.

많은 사람이 "예전보다 맑은 하늘을 보기 힘들다.", "예전보다 공기가 더 나빠졌다."라는 말을 자주 하곤 한다. 그리고 산업이 더

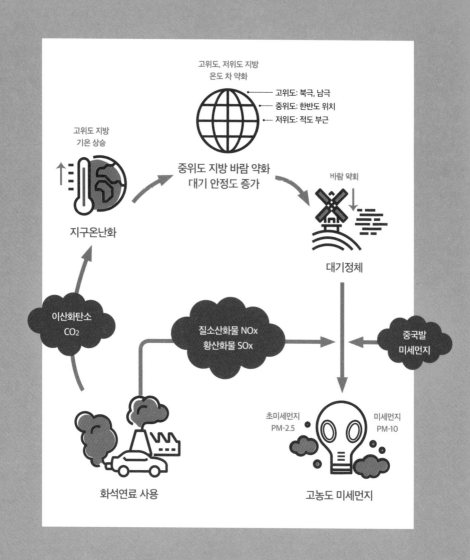

고위도, 저위도 지방
온도 차 약화

고위도: 북극, 남극
중위도: 한반도 위치
저위도: 적도 부근

고위도 지방
기온 상승

중위도 지방 바람 약화
대기 안정도 증가

바람 약회

지구온난화

대기정체

이산화탄소
CO_2

질소산화물 NOx
황산화물 SOx

중국발
미세먼지

화석연료 사용

초미세먼지
PM-2.5

미세먼지
PM-10

고농도 미세먼지

발전했으니 공기가 나빠지는 건 당연하다고 여긴다. 실제로 그럴까? 통계를 보면 서울의 미세먼지는 꾸준히 감소하고 있음을 알 수 있다.

그동안 우리나라는 미세먼지를 줄이기 위한 환경 정책을 꾸준히 실천해 왔다. 자동차나 공장 굴뚝에 매연 저감 장치를 부착하는 비용을 지원하고, 전기 자동차와 같은 저공해차를 보급하는 등의 방법으로 미세먼지를 줄일 수 있었다. 1980년대에는 와이셔츠를 하루만 입어도 오염된 공기 때문에 와이셔츠 옷깃이 검어지곤 했다. 자동차 배기가스의 검댕이 걸러지지 않고 공기 중으로 배출되어 그랬다. 요즘은 자동차에 아예 저감 장치가 달려 나와 그런 일이 덜하다. 미세먼지가 예전보다 좋아졌다는 증거이다.

그러나 우리나라의 미세먼지 농도는 여전히 주요 선진국 도시보다 높은 수준이다. 이처럼 우리나라의 미세먼지 농도가 상대적으로 높은 까닭으로 수도권의 인구 증가, 차량 증가, 에너지 사용량 증가 등을 꼽을 수 있다. 우리의 노력으로 공기 질이 점점 좋아지고 있다는 사실에 희망을 품고 앞으로도 미세먼지를 해결하려는 꾸준한 움직임이 필요하다.

등산을 하면 평지에서 산 정상으로 올라갈수록 기온이 점점 낮아지는 것을 느낄 수 있다. 이는 지구 대기권의 가장 낮은 층인 대류권은 지표에서 높이 올라갈수록 기온이 내려가기 때문이다. 보통 고도가 100미터 상승할 때마다 섭씨 0.65도씩 기온이 낮아진다.

공기는 더울수록 밀도가 낮아지고 가벼워져 위로 올라가고, 차가운 공기는 밀도가 높아지고 무거워져 아래로 이동한다. 이렇게 지표의 더운 공기가 위로 올라가면 공기가 순환하는 대류가 일어나게 된다.

하지만 대류권에서 높이 올라갈수록 오히려 기온이 올라가는 현상이 나타나기도 한다. 이를 '기온역전'이라고 한다. 기온역전이 있는 곳에서는 지표의 차가운 공기는 계속 지표에 있고, 더운 공기는 계속 위에만 있는, 공기의 움직임이 없는 안정한 상태가 된다. 이때 지표에서 주로 발생하는 미세먼지와 같은 대기오염 물질은 공기를 따라 순환하지 못하고 지표에 계속 머무르면서 그 농도가 짙어진다. 기온역전 현상이 있다면 미세먼지 농도는 더 높아지게 되는 것이다.

미세먼지와 같은 대기오염 물질이 흩어지지 않고 연기나 안개 형태를 띠며 한곳에 머물러 있는 것을 스모그라고 한다. 겨울에 가정에서 난방을 하거나 공장이나 발전소에서 석탄, 또는 석유의 찌꺼기 기름인 중유를 태워 생기는 스모그를 '런던형 스모그'라고 하고, 자동차 배기가스와 태양 광선의 반응으로 생기는 광화학 스모그를 '로스앤젤레스형 스모그'라고 한다. 1952년 겨울, 석탄을 연료로 사용한 런던의 가정과 공장에서 대량 배출된 오염 물질이 때마침 형성된 역전층 때문에 퍼져 나가지 못하고 쌓여 스모그가 발생했는데, 약 1주일 만에 4000여 명이 사망할 정도였다. 로스앤젤레스에서는 1940년대부터 전에는 볼 수 없던 황갈색 스모그가 자주 발생했는데, 1950년대에 들어서야 그 원인이 자동차 배기가스임이 밝혀졌다. 산업화가 시작되던 시대에는 런던형 스모그가 주로 발생했지만, 요즘은 대도시를 중심으로 로스앤젤레스형 스모그가 주로 발생한다.

빅데이터 분석 시스템인 빅카인즈에서 미세먼지와 스모그를 검색해 보면, 1990년대에는 스모그가 672건으로 351건인 미세먼지보다 많이 등장하지만, 2010년대에는 미세먼지가 1735건으로 152건인 스모그보다 훨씬 많이 사용되고 있음을 알 수 있다.

날씨와 계절에 영향을 받는 미세먼지

미세먼지는 계절의 영향을 받는다. 단순히 추운 겨울에 난방 연료를 많이 태우니 여름보다 겨울에 미세먼지나 초미세먼지 농도가 높다고 생각할 수 있다. 하지만 요즘은 전기를 사용해 난방이나 요리를 많이 하고, 전력 대란도 실제로 에어컨을 사용하는 여름철에 일어나는 것을 보면 겨울보다 여름에 전기를 훨씬 많이 사용한다. 전기는 깨끗한 에너지이지만 사실 전기를 생산하려면 아직까지는 화력발전을 많이 가동해야 한다. 그렇다면 여름에 미세먼지 농도가 더 높아야 할 것이다. 그런데 실제 미세먼지 농도는 여름보다 겨울이 더 높다.

우리나라는 계절에 따라 기단의 영향을 받는다. 기단이란 공기가 한곳에 오래 머물면서 지표면의 영향을 받아 기온이나 습도가 비슷해진 커다란 공기 덩어리를 말한다. 우리나라는 여름엔 남동풍의 북태평양기단의 영향을 많이 받는다. 상대적으로 바다 쪽 깨끗한 공기가 많이 들어오기 때문에 미세먼지 농도가 낮아진다. 또 여름에는 비가 많이 내려 미세먼지와 같은 대기오염 물질이 빗물에 씻겨 내리기 때문에 대기가 더 깨끗해진다. 반면 겨울에는 북서풍의 시베리아기단의 영향을 받는다. 대륙을 통과하며 바람이 불어오기 때문에 상대적으로 여러 오염 물질이 함께 섞여 있을 가능성이 높다. 이처럼 바람의 영향으로 여름보다는 겨울에 미세먼지 농도가 높다.

코로나바이러스가 세계경제를 얼어붙게 만들면서 2020년에는 유난히 공기가 깨끗한 날이 많았다. 특히 중국이 바이러스의 확산을 막기 위해 이동을 제한하면서 교통량이 줄고 공장의 생산 활동 또한 줄어들어 중국의 미세먼지가 다른 해 같은 기간보다 15퍼센트가량 감소했다. 우리나라 역시 미세먼지 평균 농도가 지난해 대비 27퍼센트 감소했다. 공기가 맑은데도 바이러스 때문에 마스크를 써야 하는 현실이 안타깝다는 이야기가 나올 정도였다. 그런데 놀랍게도 미세먼지에 영향을 준 것은 코로나가 아니라 기상 조건이었다. 환경부의 분석 결과, 강수량과 동풍 일수 등 기상 조건이 미세먼지 농도를 전년도 같은 기간보다 46퍼센트나 낮춘 효과가 있는 것으로 나타났다.

실제로 이미 계절에 따라 큰 공장의 오염 물질 배출량을 관리하

고 있었고, 코로나로 감소했던 교통량도 시간이 지나면서 이전 수준으로 회복되었기 때문에 실제 오염 물질 배출량은 크게 줄어들지 않았다. 유독 비가 많이 내리고 바람이 많이 불어서 미세먼지 상황이 좋아진 것이다. 공기 질이 좋아지면 미세먼지를 줄이려는 노력을 게을리하게 된다. 전문가들은 기상 상태는 예측이 불가능한 요인으로, 오염 물질을 줄여 나가지 않으면 언제든 고농도 미세먼지가 다시 찾아올 수 있다고 경고한다.

미세먼지가 주는 피해

2013년 세계보건기구는 미세먼지를 1군 발암물질로 분류해 많은 사람을 두려움에 떨게 했다. 미세먼지의 피해를 살펴보면 첫째, 인간의 건강에 피해를 준다. 공기 중의 먼지 대부분은 우리 몸의 코털이나 점막에서 걸러져서 코딱지가 되어 배출되며 방어를 한다. 하지만 미세먼지는 매우 작아서 콧구멍에서 걸러지지 못하고 기도를 지나 기관지까지 직접 우리 몸속으로 침투한다. 미세먼지가 우리 몸속으로 들어오면 면역 세포는 미세먼지를 제거하는 방어를 하는데, 이때 나타내는 염증 반응이 천식이나 호흡기·심혈관 질환이다. 특히 미세먼지는 노약자나 임산부, 심장 질환이나 순환기 질환을 앓고 있는 사람에게 더 치명적일 수 있다. 질병관리청에서는 호흡기 질환자, 심혈관 질환자는 미세먼지에 각별히 주의하라고 당부하고 있다.

하지만 미세먼지를 지나친 공포의 대상으로 여기는 것은 피해야 한다. 1군 발암물질이 우리 건강에 좋은 물질은 아니지만 가장 심각한 물질, 즉 '1급'을 의미하는 것은 아니기 때문이다. 예를 들어 1군에는 담배나 석면, 벤젠 등과 같이 잘 알려진 위험 물질도 있지만, 미처 생각지 못한 자외선, 술, 경구피임약, 소시지, 햄, 햄버거, 젓갈 등도 포함된다. 이는 독성보다 암 유발에 대한 인과관계가 많이 밝혀진 물질이 1군으로 분류되기 때문이다. 따라서 미세먼지를 두려워하며 무조건 모든 활동을 중단하지 말고 미세먼지 예보에 따라 슬기롭게 일상생활을 하는 것이 좋다.

둘째, 미세먼지는 생태계에 피해를 준다. 질산암모늄이나 황산암모늄 같은 미세먼지가 비에 녹으면서 질산이나 황산과 같은 산성을 강하게 포함한 산성비를 만든다. 산성비는 토양을 산성화해서 농작물의 생산을 줄어들게 만들고, 물을 오염시켜 생태계를 파괴한다. 또 식물의 잎에 미세먼지가 달라붙어서 기공을 막고 광합성을 방해해 농작물의 생산에 피해를 줄 수도 있다. 이 밖에도 공기 중의 카드뮴과 같은 중금속이 미세먼지와 함께 동식물에 피해를 주고, 그 피해는 마지막으로 인간에게 전달된다.

셋째, 미세먼지는 산업에도 피해를 준다. 우리나라는 반도체 강국이다. 반도체 생산에서 먼지는 치명적이다. 조그만 먼지 입자 하

● 반도체 공장 클린룸에서의 웨이퍼 점검 모습.

나에도 불량이 발생할 수 있기 때문이다. 바꾸어 말하면 먼지가 없어야 순도 높은 반도체를 생산할 수 있다. 반도체를 만드는 작업실인 클린룸은 국제 기준으로 크기가 0.1마이크로미터 이상 되는 입자가 1세제곱미터 안에 몇 개 포함되어 있는가에 따라 청정도를 표시한다. 그래서 클린룸에 들어가기 전에 먼지를 막는 방진복을 입고 에어샤워를 한다. 미세먼지를 포함한 아주 작은 먼지까지 없애기 위해서다. 미세먼지가 많을수록 청정도를 유지하기가 어렵고, 이는 반도체 생산에 타격을 준다. 또 미세먼지 농도가 높으면 눈으로 볼 수 있는 가시거리가 짧아지기 때문에 비행기나 여객선 운항에도 차질이 생긴다.

마스크와 공기청정기는 답이 아니다

언제부터인가 미세먼지의 원인을 중국에 크게 두고 있는 대중 매체의 기사를 쉽게 접할 수 있다. 그도 그럴 것이 중국의 산업화 가 가속화되면서 석탄 사용량이 급증했기 때문이다. 『중국통계연 감』에 따르면, 중국의 석탄 의존율이 70퍼센트를 넘어섰으며 겨울 에는 사용량이 더 늘어서 미세먼지 농도도 높아지는 구조이다. 미 세먼지는 세계보건기구 권고 기준이 25마이크로그램 퍼 세제곱 미터 μg/㎥ : 미세먼지 농도를 나타내는 단위, 우리나라 기상청의 '나쁨' 수준이 121~200마이크로그램 퍼 세제곱미터이다. 실제로 베이징의 경우 평소에도 300마이크로그램 퍼 세제곱미터를 넘고 겨울에는 900마 이크로그램 퍼 세제곱미터를 넘는 일도 흔하다. 이 미세먼지가 서 풍이나 북서풍을 타고 우리나라로 날아와 오염 물질과 합쳐지고 쌓이면서 뿌연 하늘을 만드는 것이 아닐까?

기상청에 따르면, 서풍이나 북서풍이 불 때 국내 미세먼지 농도 가 평균 44.5퍼센트 증가하는 것으로 나타났다. 국립환경과학원 은 2019년 국내 미세먼지 중 중국발 물질의 비율이 32퍼센트라고 밝혔다. 하지만 미세먼지의 원인을 중국에 두는 데 비판적인 시각도 있다. 우선 미세먼지의 영향을 정확한 비율로 나타내기에는 지형이나 기상 여건 등 여러 요인이 작용하기 때문에 어려움이 있다. 또 원인을 중국으로만 돌리는 탓에 국내 화력발전소를 줄이는 일은 뒷전이 되고, 국가나 개인이 미세먼지를 줄이려는 노력도 소홀해질 수밖에 없다.

미세먼지를 줄이려면 무엇을 해야 할까? 먼저 국가 차원에서 자동차 배기가스를 줄이는 데 박차를 가해야 한다. 하이브리드 자동차, 전기 자동차, 수소 자동차 등은 기존 가솔린 자동차나 경유 자동차보다 질소산화물을 적게 배출하므로 친환경적이다. 특히 전기 자동차가 많이 보급되도록 충전소를 더 많이 만들고, 낡은 경유 자

동차에 매연 저감 장치를 달게 하거나 LPG로 전환하게 해야 한다.

인간이 지구를 위해 삶의 방식을 크게 바꾸지 않는다면, 우리 삶에서 마스크로 미세먼지와 바이러스를 막는 일상은 계속 되풀이될 것이다. 안타깝게도 우리는 마스크의 화학 성분에 대한 고민이 거의 없다. 마스크는 재활용할 수 없으니 버려야 하고, 플라스틱 성분이 있어서 썩지도 않으며, 태우면 더 많은 미세먼지를 만들어 내 환경을 더더욱 오염시킨다. 결국 마스크를 쓰면 쓸수록 더 많은 마스크 사용을 불러오는 악순환이 계속된다는 뜻이다.

공기청정기는 어떨까? 실내 미세먼지의 농도를 줄이는 데 효과적일 수 있다. 그런데 공기청정기를 사용하려면 전기가 필요하다. 결국 화력발전소를 더 많이 가동해야 하는 문제가 생긴다. 또 환기를 시키지 않은 실내에서 장시간 공기청정기를 가동하면 이산화탄소 농도가 증가해 졸음이 오거나 호흡기 질환이 생길 수 있다. 과연 이래도 마스크나 공기청정기가 미세먼지의 최선책이라고 말할 수 있을까? 지금이야말로 화력발전을 줄이고 플라스틱 사용량을 줄이는 근본적인 노력이 필요한 때이다.

9

뇌과학

기억과 뇌파로 들여다보는
우리 뇌와 마음

나쁜 기억만 지울 수 있을까?

그는 본래 음악을 좋아하는 조용한 청년이었다. 그가 요즘처럼 분노 조절을 못 해 화를 버럭 내면서 가족들과 동료들을 힘들게 하기 시작한 건 2년 전 이라크에 파병되었다 돌아오고 나서부터다. 전쟁터에서 돌아온 그는 완전히 다른 사람이 되어 있었다. 조용하지만 담대하고 늘 자신감 넘쳤던 친절한 청년은 온데간데없고, 매사에 불안해하고 천둥소리에도 소스라치게 놀라며 예전 같으면 웃고 지나칠 사소한 일에도 화를 참지 못하는 사람이 되어 있었다. 그는 밤마다 악몽에 시달리는 통에 잠도 제대로 못 잤다. 피투성이가 되어 죽어 가면서 자신을 바라보던 동료의 눈빛, 잘못된 정보로 폭격을 당해 아수라장이 된 병원에서 피 흘리며 신음하던 사람들, 두 팔이 잘려 나간 소년을 안고서 울부짖으며 뛰어오던 남

● 2009년 이라크전쟁.

자……. 다시는 머릿속에 떠올리고 싶지 않은 2년 전에 겪었던 일들이 생생하게 매일 밤 그를 찾아왔다. 그는 어둠이 내리면 잠드는 것이 두려워 술을 찾았고, 이제는 습관처럼 술 없이는 밤을 견딜 수 없게 되었다.

그와 비슷한 경험을 한 수많은 파병 군인들은 그가 겪었던 것과 유사한 고통을 겪었다. 2014년 4월 2일, 미국 텍사스주 포트후드 기지에서 세 명이 죽고 16명이 다치는 총기 난사 사건이 일어났다. 군인들에게 무차별 총격을 가하고 현장에서 스스로 목숨을 끊은

용의자는 3년 전 4개월간 이라크에 파병되었다가 돌아온 미군 병사였다. 용의자는 이라크에서 돌아온 뒤로 줄곧 '외상 후 스트레스 장애Post Traumatic Stress Disorder, PTSD'에 시달렸다고 했다. 용의자를 치료한 정신과 의사는 용의자가 특별히 폭력적이거나 자살 충동 경향을 보이지 않았고, 불면증을 호소해 수면제를 처방해 주었다고 말했다.

이란과 아프가니스탄에 미군의 파병이 10년 이상 이어지면서, 전장에서 돌아온 군인들의 약 14~20퍼센트가 PTSD 증상으로 고통을 받았다. 이것이 큰 사회문제로 떠오르자 2014년 4월 미국 방위고등연구계획국 다르파DARPA는 고통받는 이들을 치료하기 위해 2600만 달러약 298억 원를 투자해 뇌 이식 장치의 개발을 시작한다고 밝혔다.

PTSD는 인간이 감당할 수 있는 한계를 넘어서는 매우 고통스러운 경험을 한 뒤에 그때 생긴 감정, 기억, 생각들이 끊임없이 떠올라 괴로움을 겪는 증상을 말한다. 흔히 '트라우마'라고 말하는 극심한 정신적 외상 때문에 우울증과 분노 조절 장애, 현실도피, 대인기피, 자학, 중독 등을 겪게 되고 정상적인 생활이 어려워지는 것이다. 우리 뇌와 마음에 무슨 일이 일어났기에 이런 증상들이 나타나는 것일까? 도대체 뇌는 어떻게 작동하길래 다르파는 뇌 이식 장치로 이런 증상을 고치려 하는 것일까?

이 질문에 대한 답을 알려 주는 연구 분야가 '뇌과학'이다. 나날이 발전하고 있는 뇌과학은 인간의 생각과 감정, 마음과 기억에 관한 비밀을 푸는 일에 한 걸음씩 다가서고 있다. 그런데 우리에게 익숙한 뇌과학은 사실상 학계에서는 잘 쓰지 않는 말이다. 뇌과학 대신 '신경과학Neuroscience'이라는 말을 주로 사용하는데, 이는 뇌가 전체 신경계와의 관계 속에서 작동하므로 뇌만 떼어 독립된 학문 분야로 보지 않기 때문일 것이다.

신경과학 대신 뇌과학이란 말이 우리나라에서 유난히 많이 쓰이는 이유는 무엇일까? 혹시 두뇌와 지능이 중요하다는 생각과 함께 '두뇌 계발', '집중력 향상' 등을 외치는 여러 상품의 효능을 보증하는 데 '신경과학'보다 '뇌과학'이 더 그럴듯하게 보여서 그런 것이 아닐까? 뇌와 관련한 연구의 놀라운 성과들이 의료계와 과학기술계에 눈부신 발전을 가져오고 있지만, 과학이 과도하게 상업적인 마케팅에 이용되면서 소비자들을 현혹하는 도구가 되는 것은 바람직하지 않다. 그런 의미에서 앞으로 뇌과학보다 신경계를 균형 있게 바라보는 의미로 신경과학이라는 용어를 사용해 보자.

다시 PTSD 이야기로 돌아가면, 다르파가 지원하는 연구는 마이크로칩을 뇌에 삽입하고 전기 자극으로 뇌 기능을 컨트롤하는 '뇌–컴퓨터 인터페이스Brain Computer Interface, BCI' 기술이다. 마이크로칩을 통해 뇌의 이상 신호가 포착되면 중앙처리장치가 이를 해독해 다른 전극으로 치료용 전류를 흘려보내 뇌를 자극하는 방법으로, 이렇게 전기 자극을 통해 나쁜 기억을 지우거나 잊어버린 기억을 되살리는 것이다.

이 연구에 대해서는 전문가들의 찬반 의견이 엇갈린다. 전류로 뇌를 자극하는 것이 약물보다 더 안전하다고 찬성하는 과학자들이 있는가 하면, 뇌 자극이 장기적으로도 안전하고 효과적일지 의문을 가지는 과학자들도 있다. 뇌 이식 장치가 치료에만 사용되지 않고 두려움을 없애 전투 의욕을 높이거나 첩보 업무에 악용할 가능성이 있다는 우려도 나온다.

사실 PTSD가 힘든 이유는 과거의 고통스러운 기억이 계속 반복해 떠오르기 때문이다. 기억이란 무엇일까? 기억은 뇌 속에서 어떻게 만들어지고 또 사라지는 것일까? 지금까지의 연구에 따르면 기억은 뇌의 신경세포와 시냅스의 작용을 통해 일어난다. 뇌 속에는 뉴런이라고 불리는 수없이 많은 신경세포가 있는데, 기억은 이 신경세포들 사이의 연결로 저장된다고 한다. 뇌 속으로 들어가 신경세포인 뉴런과 시냅스를 만나 보자.

뉴런은 핵과 세포소기관들이 들어 있는 신경세포체와 이 신경세포체를 나뭇가지 모양으로 둘러싼 가지돌기수상돌기, 그리고 신경세포체에서 길게 뻗어 있는 축삭돌기로 이루어져 있다. 가지돌기와 축삭돌기는 다른 세포에는 없고 뉴런만이 갖는 독특한 특성이다. 우리에게 들어온 모든 정보는 전기신호로 바뀌어 뇌로 전달되는데, 뉴런은 가지돌기를 통해 정보를 받아들이고, 축삭돌기를 통해 다른 뉴런에 이를 전달한다. 이때 뉴런이 서로 만나는 부분이 시냅스이다.

뉴런 내부에서는 전기적인 방식으로 정보를 전달하지만, 시냅스에서는 화학 신호로 다음 뉴런에 정보를 전달한다. 시냅스는 20~40나노미터의 아주 미세한 틈으로 벌어져 있는데, 축삭돌기 끝에서 이 틈으로 신경전달물질을 분비한다. 부족하면 우울감, 수면 장애, 불안감이 높아진다고 알려진 도파민, 세로토닌, 노르에피네프린과 같은 물질들이 바로 뇌에서 분비하는 신경전달물질이다. 이렇게 분비한 신경전달물질이 퍼져 나가 다음 뉴런의 수용체에 결합하면서 정보가 전달된다. 기억은 이런 신경세포 사이의 연결을 통해 형성되는 것으로 알려져 있다. 뇌에는 대략 800억~1000억 개의 뉴런이 있고, 뉴런 하나에 많게는 수천에서 수만 개의 가지돌기가 있어서 시냅스는 수십조~100조 개가 존재할 것으로 추정된다.

다시 말해 우리 뇌에는 수많은 뉴런이 복잡하게 연결된 네트워크가 존재하며, 이 네트워크 안에서 뉴런의 연결 패턴이 변함으로써 기억이 만들어지고 저장되는 것으로 보고 있다.

기억은 어디에서 어떻게 만들어질까?

뇌에서 기억을 담당하는 부분을 구체적으로 알게 된 것은

[시냅스의 정보 전달과 뉴런의 종류]

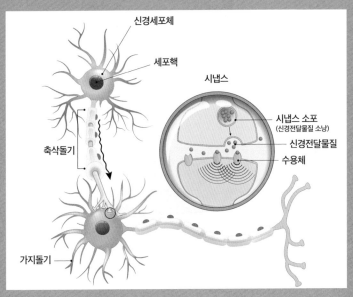

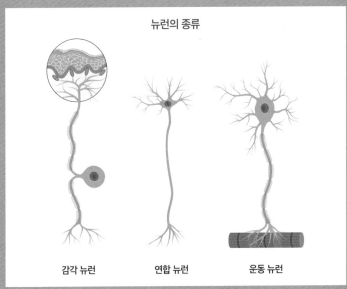

1953년이다. 미국의 정신과 의사 윌리엄 비처 스코빌은 헨리 몰레이슨이라는 뇌전증^{간질} 환자를 치료하는 과정에서 발작을 일으키는 부위인 내측두엽의 해마와 그 주변 일부를 제거하는 수술을 했다. 수술 후 몰레이슨은 대화도 잘하고 지능검사도 잘 수행했지만, 새로 경험하는 일들은 전혀 기억하지 못했다. 날마다 보는 의사도 알아보지 못해 만날 때마다 처음인 것처럼 자신을 소개했고, 방금 먹은 음식도 30초 뒤에는 기억하지 못했다. 어린 시절은 또렷하게 기억하면서도 수술받기 얼마 전 일은 기억하지 못했다. 특이한 점은 어떤 정보나 사건을 기억하는 능력은 잃었지만, 몸을 움직여 작업하는 데 필요한 기억 능력은 잃지 않았다는 것이다. 몰레이슨은 어제 만난 사람이나 그와 있었던 일은 기억하지 못했지만, 잔디 깎는 법을 배우면 그것을 기억해 잔디를 깎을 수 있었다. 천장의 거울에 비친 별을 그리는 법을 배웠을 때는 자신이 그걸 배웠다는 사실을 기억하지 못하면서도 횟수가 거듭될수록 점점 별을 정확하게 그려 낼 수 있었다.

　몰레이슨 덕분에 신경과학자들은 과거에 경험한 일이나 어떤 사실에 대한 기억으로 다른 사람에게 설명할 수 있는 '서술 기억'과 자전거 타기처럼 한번 동작을 익히고 나면 시간이 지나도 잘 잊어버리지 않는 '절차 기억'의 형성 과정이 서로 다르다는 것을 알게 되었다. 또 해마가 서술 기억의 형성과 관련이 있다는 사실과 단기 기억과 장기 기억의 저장 장소가 다르며, 해마 없이는 장기 기억이 형성되지 않는다는 사실도 알게 되었다. 그러나 문제가 있으면 무조건 그 부위를 외과적 수술로 제거해 버렸던 당시의 뇌 치료는 환자들에게 엄청난 정신적·육체적 후유증을 남겼다. 비록 그 수술 결과가 신경과학의 발달에 도움을 주었다고 해도, 이는 인간의 뇌와 정신을 함부로 취급한 폭력적이고 어두운 역사로 남았다.

해마에 관한 최근 연구를 보면, 영국 런던대학교의 신경과학 연구 팀이 택시 기사들의 뇌 연구를 통해 암기 활동을 많이 하면 해마가 커진다는 것을 밝혀냈다. 런던에서는 2만 5000여 개의 복잡한 런던 도로와 주요 지형물들을 다 암기해야만 택시 운전면허를 딸 수 있는데, 3~4년간 준비해 시험에 합격한 택시 기사들의 뇌를 촬영했더니 공간 탐지를 담당하는 오른쪽 해마의 뒷부분이 보통 사람들보다 컸다. 게다가 택시 운전 경력이 오래될수록 해마의 크기는 더 컸다.

그동안 성인의 뇌에는 신경 줄기세포가 없어서 뇌세포가 손상되면 치료가 불가능하다고 알려져 왔지만, 최근 성인의 뇌에도 신경 줄기세포가 적지만 존재한다는 사실이 밝혀졌다. 해마에 신경 줄기세포가 존재해 낮은 비율이지만 신경 발생이 계속 일어나 새로운 뉴런이 만들어지는 것이다. 이것이 런던 택시 기사들의 해마가 일반인들보다 커진 이유이다. 덕분에 나이가 들어도 꾸준히 무언가를 배우고 기억하면 계속 새로운 뉴런을 만들어 낼 수 있다. 이와 반대로 여러 연구를 통해 우울증 환자의 해마는 건강한 사람의 해마보다 9~13퍼센트까지 작다는 것이 알려졌다. 또 2015년 9000여 명을 대상으로 진행한 국제 연구에서는 우울증을 많이 경험할수록 해마의 크기가 점점 줄어든다는 사실도 밝혀졌다. 2019년 대구경북과학기술원 연구 팀은 만성 스트레스가 해마의 신경 줄기세포를 자가포식Autophagy: 세포가 악조건에서 살아남으려고 스스로를 분해하고 그 성분을 재활용하는 현상에 의해 죽게 만든다는 것을 밝혀냈다. PTSD 증상이 나타나는 사람의 해마도 정상인의 해마보다 작다는 연구 결과 역시 많다.

● 상처 받은 뇌를 치유하는 방법

해마 끝부분에 있는 아몬드 모양의 편도체는 감정을 조절하고 정서적인 기억을 저장하며, 특히 공포를 느끼고 기억하는 데 중요한 역할을 한다. 그런데 PTSD를 일으킨 자극이 주어지면 이 편도체가 지나치게 활성화된다. 뇌는 볼 수도 만질 수도 없는데 특정 부위가 반응한다는 걸 어떻게 알 수 있을까? 바로 기능적 자기공명 영상fMRI 기술로 가능하다. 활동하는 뇌 부위는 쉬는 부위보다 산소를 더 많이 사용하므로 혈액 속의 산소 포화도 차이를 측정하면 어떤 부위가 활발히 활동하는지 알아낼 수 있는데, 이것이 바로 fMRI의 원리이다.

그러나 뇌세포가 아무리 활발히 활동하다 해도 워낙 작은 세포들이라 산소 소모량이 매우 적고 또 아주 짧은 시간 동안 일어나는 변화라서, fMRI 영상은 여러 번 촬영한 데이터를 통계적으로 처리해 이미지로 변환시킨 것이다. 그러므로 그 정확도를 100퍼센트 신뢰하기는 어렵다. 그럼에도 PTSD의 증상이 심할수록 기억과 감정에 관련된 네트워크의 연결과 활동이 건강한 사람과 다르게 나타나는 것이 여러 연구를 통해 확인되었다. 그래서 뇌의 이 부분을 적절히 자극해 부정적인 감정과 기억을 조절하려는 시도가 계속되고 있다.

사람이 정신과 마음에 큰 상처를 받았을 때, 제때 제대로 치료하지 않고 덮어 두면 그 상처는 몸과 마음을 병들게 하고 시간이 지나도 사라지지 않는다. 하지만 그렇다고 뇌를 전기적으로 자극해 고통스러운 기억만 없애는 것이 정말 가능한지, 또 올바른 방법인지 깊이 생각해 봐야 한다.

사실 참전 군인이 전쟁터에서 죄책감과 수치심, 공포심 속에서 겪게 되는 PTSD는 정신 질환이 아니라 정상인이라면 누구나 겪을 수 있는 극심한 스트레스에 따른 심리적 부적응 문제이다. 전쟁뿐 아니라 자연재해, 교통사고, 성폭력 등을 경험한 사람들도 PTSD를 겪는다. 이들에겐 자신을 불안하고 혼란스럽게 만드는 것들을 객관적으로 바라보고 분노, 죄책감, 공포심 같은 감정에 대처하는 방법을 배우는 것이 먼저 필요하다. 인간으로서 마땅히 지켜야 할

대뇌의 각 부분 명칭

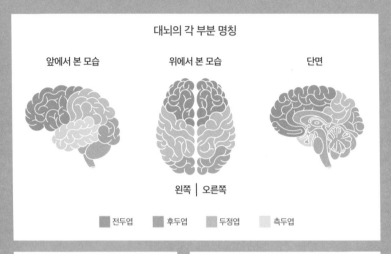

앞에서 본 모습   위에서 본 모습   단면

왼쪽 │ 오른쪽

■ 전두엽   ■ 후두엽   ■ 두정엽   ■ 측두엽

fMRI 사진

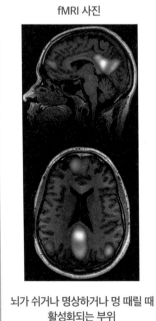

뇌가 쉬거나 명상하거나 멍 때릴 때
활성화되는 부위

기억과 관련된 영역들

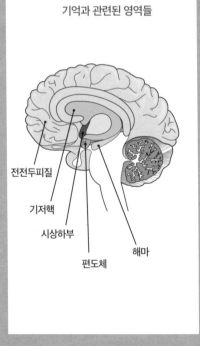

전전두피질

기저핵

시상하부

편도체

해마

것들이 무참히 무너지고 스스로의 존엄이 훼손되었던 극한 상황에서 받은 정신적 상처를 단지 전기 자극으로 없애는 것이 근본적인 치료 방법이 될 수 있을까?

PTSD 치료 방법 중에 상담자에게 고통스러운 기억을 이야기하는 과정이 있다. 그런데 이것만으로도 사고에 대한 부정적인 느낌을 점차 조절할 수 있게 되고, 기억에 압도당하는 고통도 줄어들게 된다고 한다. 다큐멘터리 〈올모스트 선라이즈Almost Sunrise, 2017년〉에는 이라크전쟁에서 돌아와 PTSD를 겪는 주인공이 나온다. 정신과 치료와 약물 처방도 아무런 효과가 없고 자살 충동까지 느꼈던 주인공은 미국 남서부와 대평원을 가로지르는 4300여 킬로미터를 다섯 달 동안 쉬지 않고 걸어서 여행한다. 그리고 여행 중에 만난 사람들에게 참전 군인들이 겪는 고통을 알리며 그들에게서 위로를 받는다. 그는 그 과정에서 자신이 왜 겪어야 하는지도 몰랐던 고통을 한 걸음 떨어져서 바라보게 되고, 자신이 왜 상처를 입었는지 이해하고 이해받으면서 상처를 치유해 나간다.

최근 연구에 따르면, 감정을 표현할 때 우리 뇌의 편도체와 오른쪽 전전두피질이 서로 상쇄하는 방향으로 영향을 주고받으며 작동한다고 한다. 슬픔이나 분노를 말로 표현하기만 해도 이성적인 사고를 관장하는 전전두피질이 활성화되어 격렬한 감정을 분출하는 편도체의 활동이 크게 줄어든다는 것이다. 상담과 심리 치료, 다른 사람들의 이해와 지지는 고통스러운 기억과 그때 느꼈던 공포심 등이 강하게 연결되어 만들어졌던 신경세포들의 네트워크를 변화시켜, 뇌에 새로운 패턴의 네트워크를 형성할 수 있게 한다. 이런 과정을 통해 과거의 고통에서 비롯된 부정적인 증상들을 극복하며 점차 나아지는 것이다. 그런 점에서 뇌 이식 장치로 무조건 전기 자극을 가해 치료하려는 시도는 과거에 무조건 뇌 제거 수술로 정신적 문제를 해결하려 했던 어두운 역사를 떠올리게 한다.

기억과 마음, 마음과 뇌, 그리고 몸

기억은 한 사람의 정체성을 이루는 기록이며, 감정을 일으키고 타인과 소통하고 공감하는 능력의 원천이다. 또 기억은 과거와 연결된 현재를 존재하게 하고 미래 또한 존재하게 한다. 우리는 경험을 바탕으로 미래를 예측하고 선택하기에 과거와 현재의 기억 없이는 미래도 존재할 수 없다. 따라서 같은 상황에서도 사람에 따라 다른 행동을 하게 하는 마음을 이해하려면 기억은 가장 첫 계단이 된다.

그러나 아주 오래전부터 기억에 관해 연구해 왔고, 또 최근 들어 첨단 장비를 이용한 다양한 연구 방법을 통해 새로운 발견들이 잇따르고 있지만, 여전히 기억이 어떻게 만들어지고 저장되어 나중에 소환되는지 충분히 설명하지 못하고 있다. 기억과 기억을 방해하는 것들에 관련된 단편적인 연구 결과들과 발견들은 많지만, 기억이라는 큰 코끼리를 보지 못하고 눈을 가린 채 코끼리 몸을 여기저기 더듬으며 코끼리 모습을 가늠하는 것과 같다.

신경과학에 천문학적인 예산을 지원하며 인간 뇌의 작용을 밝히려는 노력을 오랫동안 해 왔음에도 아직 뇌의 심층적이고 복잡한 구조와 원리를 설명하는 중심적인 뇌 이론은 없다. 여러 과학적 시도들이 분자 수준에서 시스템 연구에 이르기까지 다양하게 이루어지고 있지만, 이 연구 성과들을 하나로 통합해 설명하지 못하는 것이다. 그럼에도 마음이 오로지 뇌에서만 일어나는 현상이라고, 마음의 모든 것은 뇌의 뉴런과 신경전달물질의 작용으로 다 밝힐 수 있다고 말하는 신경과학자들이 있다. 과연 그럴까?

우리 몸의 소화계나 병에 맞서는 면역계, 호르몬과 관련된 내분비계 등은 우리의 감정과 정서에 영향을 끼치고 뇌와 상호작용한다는 것이 밝혀지고 있다. 몸 상태에 뇌가 영향을 받는 것은 어쩌면 너무나 당연한 일이다. 뇌는 우리 몸이 사용하는 전체 에너지의 20퍼센트 이상을 사용하는데, 뇌에 필요한 모든 물질을 몸에서 제공받기 때문이다. 뇌가 자극과 반응의 중심에 있으며 마음의 작용에 중심적인 역할을 하는 기관인 것은 분명하지만, 뇌를 몸과 분리해 몸을 조종하는 존재로 바라보는 것은 뇌를 제대로 이해하는 데 도움이 되지 않는다.

게다가 마음은 타인과의 관계에서 많은 영향을 받는다. 예술이나 종교에서 얻는 영혼의 울림, 또 좋은 사람과의 만남이 주는 마음의 평안과 행복은 혼자만의 세계에서는 얻을 수 없는 경험이다. 가까운 사람과 이별하거나 관계가 나빠질 때 느끼는 외로움과 슬픔, 불행한 감정도 우리의 몸과 마음에 큰 영향을 끼친다. 그러므로 우리 마음을 이해하려면 실험실에서 뇌만 연구하는 것보다 몸과 뇌의 관계 속에서, 그리고 다른 사람들과 맺고 있는 사회적 관계 속에서 그 마음을 잘 들여다봐야 할 것이다.

뇌를 훈련해 준다는 어떤 게임

초등학생 현이는 월요일을 좋아한다. 월요일에는 학교가 끝난 다음 바로 집으로 가지 않고 구립 도서관에 있는 어린이 공부방으로 향하는 까닭이다. 거기서 재미있는 게임을 하는데, 그걸 하면 공부를 잘하게 된단다. 학교가 끝나자마자 뛰어갔는데도 공부방에는 벌써 친구들이 세 명이나 와 있었다. 반갑게 맞아 주시는 선생님께 인사하고, 컴퓨터 앞에 앉아 헤드셋을 쓰고 모니터를 보았다. 오늘은 어떤 게임일까? 지난번에는 쫓아오는 몬스터를 피해 도망치는 걸 했는데, 몸이 아니라 생각으로만 도망치는 거라 몬스터한테 잡힐 뻔했다. 잘 달리다가도 딴생각을 하면 갑자기 느려지기 때문에 달리기만 생각해야 한다. 현이는 이 게임을 열심히 해서 공부를

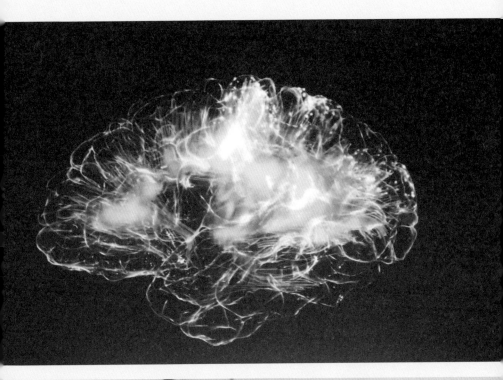

아주 잘하는 사람이 되고 싶었다. 반에서 늘 문제를 가장 늦게 풀고 계산도 잘 틀리기 때문에 친구들이 자기를 무시하는 것 같아서다. 현이는 공부를 잘해서 선생님께 칭찬도 받고, 문제를 잘 풀지 못하는 친구도 도와주고 싶다.

현이 이야기는 가상의 이야기이다. 그러나 여기서 소개된 게임은 뇌파를 이용한 뉴로피드백Neurofeedback이라는 치료 방법으로, 뇌가 활동할 때 생기는 뇌파를 측정해 집중하는 뇌파가 나타나면 높은 점수를 주는 것이다. 평소 주의가 산만하고 집중력이 떨어진다는 지적을 받는 어린이들이 이 게임을 하면 집중력을 높일 수 있다고 한다. 뉴로피드백 치료는 불안정한 뇌파를 참여자가 스스로 조절하는 반복 훈련으로 보통 20회 이상 실시하며, 서서히 뇌파 조절 능력을 향상할 수 있다고 한다. 그러나 전문가들은 "뉴로피드백이 집중 시간, 몰입 시간을 늘려 줄 수는 있지만 무조건 공부를 잘하게 될 거라고 생각하면 안 된다."라고 경고했다.

최근에 출시된 웨어러블 뉴로피드백 헤드셋은 블루투스로 스마트폰과 연결되어, 앱을 실행하면 언제 어디서든 뇌파 상태를 확인할 수 있다고 한다. 그리고 뇌파를 분석해 뇌가 안정된 상태인지 불안정한 상태인지 알 수 있단다. 뇌파가 무엇이길래 뇌의 활동 상태를 알 수 있을까? 뇌파란 뇌를 구성하는 신경세포들에서 생기는 전기의 흐름을 두피에서 간접적으로 측정하는 전기 신호이다. 즉 우리 뇌가 활동할 때 뇌 신경세포인 뉴런에서 신호 전달이 전기적인 방식으로 이루어지므로 그 전기의 흐름을 측정하는 것이다. 일반적으로 피부 위에 전극을 부착하는데, 두개골을 절개하고 대뇌피질에 직접 전극을 꽂기도 한다. 이렇게 하면 전기 신호를 훨씬 정확하게 측정할 수 있지만 수술도 부담스럽고 부작용에 대한 우려도 있어 전신 마비 환자 외에는 적용하기 어렵다.

뇌파는 전기 신호이므로 사람과 컴퓨터, 사람과 전자 기기 사이에 직접 통신이 가능하다. 그래서 다양한 분야에서 활발하게 연구와 활용이 이루어진다. 이것이 바로 뇌- 컴퓨터 인터페이스BCI 기술이다. 이 기술은 사람의 뇌와 컴퓨터를 직접 연결해 뇌파를 통해 컴퓨터나 이와 연결된 기계를 조종하는 것이다.

🔵 생각만으로 기계를 조종하는 세상

뇌 컴퓨터 인터페이스 기술을 이용하면 사지가 마비된 환자가 생각만으로 로봇 팔을 움직여 음료수를 마실 수 있다. 대뇌피질에 센서 칩을 꽂은 환자가 생각을 떠올리면 뇌 신경 신호인 뇌파가 발생하고, 이 뇌파 변화를 컴퓨터로 전송한다. 그러면 컴퓨터가 이를 로봇 팔을 움직이는 명령으로 바꾸는 것이다.

누군가의 도움 없이는 아무것도 할 수 없던 전신 마비 환자가

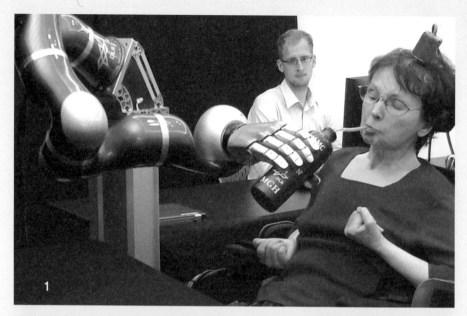

● 1. 2011년 브라운대학교 연구 팀의 도움으로 신체 마비 환자가
　　 생각만으로 로봇 팔을 제어해 커피를 마시는 모습.
● 2. 2019년 뇌-컴퓨터 인터페이스 연구소에서 VR가상현실을 더해
　　 뇌종양 환자의 재활을 돕는 모습.

음료수를 스스로 마시고, 휠체어를 움직여 가고 싶은 곳으로 이동할 수 있다는 건 굉장히 경이로운 일일 것이다. 2016년 4월, 미국 플로리다대학교에서는 사상 최초로 '뇌파로 드론 날리기' 대회가 열렸다. 또 7월에는 애리조나주립대학교에서 한 사람이 여러 개의 드론을 동시에 조종하는 뇌파 기술을 성공적으로 선보였다. 뇌파를 이용한 BCI 기술은 나날이 그 영역을 넓혀 나가고 있다.

2017년에는 페이스북 CEO 마크 저커버그가 뇌의 언어중추를 해독하는 프로젝트를 시작했다고 발표했다. 손가락 하나 까닥하지 않고 오로지 생각만으로 1분에 100단어를 타이핑하는 게 이 프로젝트의 목표인데, 이는 말하는 것과 비슷하거나 좀 더 빠른 속도이다. 또 전기 자동차 제조 회사인 테슬라의 CEO 일론 머스크는 BCI 기술을 연구하는 회사 뉴럴링크를 설립해, 뇌에 이식하는 초소형 칩을 통해 인간의 뇌 신경과 컴퓨터가 데이터를 주고받는 기술을 연구하고 있다. 영화 〈매트릭스Matrix, 1999년〉의 주인공처럼 무술이나 헬리콥터 조종법을 배우지 않고도 뇌와 직접 연결된 장치를 통해 그런 능력을 전달받는 게 가능할지도 모른다. 뉴럴링크는 이 기술로 인간의 지능을 더 높이겠다는 목표를 갖고 있으며, 우울증이나 뇌전증 같은 뇌 질환 치료에도 이 기술을 사용하겠다고 밝혔다.

실리콘밸리의 유망한 기업들이 BCI 기술 개발에 뛰어들면서 신경과학 열풍이 불고 있는데, 이들이 신경과학의 미래에 원대한 희망을 제시한다는 긍정적인 평가가 있는 한편, 잘못된 기대나 환상을 부추길 수 있다는 우려도 나왔다. 뇌가 어떻게 작동하는지 명확하게 밝혀지지 않은 지금, 뇌에 칩을 이식하면 생각지도 못한 부작용이 생길 수 있기 때문이다. 또 뇌에 이식한 컴퓨터 칩이 해킹될 가능성도 있는데, 만약 칩이 해킹된다면 개인 정보 유출과 사생활 침해를 넘어 누군가 맘대로 타인의 뇌를 손상시키거나 생각과 감정을 조종할 수도 있다. 뇌에 칩을 이식하는 기술은 사회적 고민이 필요한 많은 문제를 가지고 있는 것이다.

뇌파를 이용한 제품이 정말 두뇌 능력을 높일까?

사람의 두피에서 뇌파를 측정하면 뇌의 활동 상태가 어떤지에 따라 대략 진동수 0헤르츠에서 50헤르츠 사이의 뇌파가 측정되는데, 이들 신호의 특징에 따라 델타파, 세타파, 알파파, 베타파, 감마파로 구분한다. 뇌가 활발하게 활동할수록 뇌파의 진동수가 높아지고, 편안히 있을수록 진동수가 낮아진다. 30헤르츠 이상의 가장 높은 진동수를 나타내는 감마파는 극도로 긴장한 상태이거나 매우 복잡한 정신 기능을 수행할 때 나타난다. 베타파는 평상시의 뇌파로, 우리가 스트레스를 약간 받으며 활동할 때 나타나고, 알파파는 눈을 감고 편안히 있거나 명상할 때 나타나는 뇌파로, 스트레스

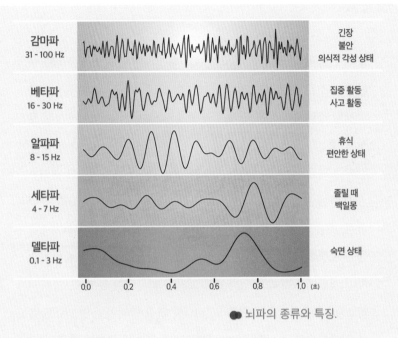

감마파 31 - 100 Hz		긴장 불안 의식적 각성 상태
베타파 16 - 30 Hz		집중 활동 사고 활동
알파파 8 - 15 Hz		휴식 편안한 상태
세타파 4 - 7 Hz		졸릴 때 백일몽
델타파 0.1 - 3 Hz		숙면 상태

0.0 0.2 0.4 0.6 0.8 1.0 (초)

● 뇌파의 종류와 특징.

해소와 집중력 향상에 도움이 되는 것으로 알려져 있다. 알파파보다 더 진동수가 낮아지면 수면과 연결된다. 세타파는 우리가 잠에 빠져들 때의 뇌파이다. 즐거울 때나 감정이 풍부해질 때, 또 창의력이나 영감이 번뜩일 때 발생하기도 하며, 성인보다 어린이에게서 많이 나타난다. 델타파는 깊은 수면에 빠졌을 때 발생하며 진동수가 가장 낮다. 최근 베타파와 알파파 사이에 SMR파라는 새로운 형태의 뇌파가 발견되었는데, 이는 스트레스를 크게 받지 않으면서도 일을 간단히 잘 처리할 때 나타나는 뇌파이다.

　이와 같은 뇌파의 특성을 치료나 훈련에 이용하는 것이 뉴로피드백 기술이다. 뇌파를 실시간으로 측정하면서 피드백을 제공해 본인 스스로 정상적인 뇌파를 내도록 반복적으로 훈련한다. 컴퓨터게임처럼 시각적인 장치로 구성해 게임에 성공하면 적절한 보상을 주는 방식이다. 주의력 결핍 과잉 행동 장애ADHD나 우울증, 강박증 치료에도 뉴로피드백 기술을 적용하는 병원이 늘고 있다.

그런데 뉴로피드백 치료와 비슷하게 '집중력 향상, 학습 능력 향상, 마음의 안정' 등의 효과를 내걸고 판매되는 뇌파 관련 제품들을 시중에서 많이 볼 수 있다. 제품을 사용하면 IQ가 좋아지고 치매 예방에도 효과가 있다고 광고하는 회사들이 늘고 있다. 하지만 2014년 세계적으로 권위 있는 과학 연구 단체인 독일 막스플랑크 인간발달연구소에서 이와 같은 두뇌 훈련에 충분한 과학적 근거가 없으며, 그 효과도 의문스럽다는 입장을 밝혔다. 실험실에서의 효과가 실제 현실에서도 나타나는지, 또 지속적인 효과를 유지하는지 정확히 확인할 수 없기 때문이다. 물론 이런 의견에 반대하는 과학자들도 있다. 뇌파 기기들이 뇌 기능 향상에 효과를 보인다는 연구 논문 또한 많이 나오고 있기 때문에 모든 제품을 통틀어 비판하는 것은 문제가 있다는 것이다.

학습 능력 향상을 내걸고 판매되는 제품들은 다양한 방식으로 집중력을 높이고 두뇌 능력을 향상시킨다고 광고하지만, 그 효과는 사람마다 다르다. "기계가 집중력을 향상시켜 줄 수 있다 해도 내 정신력을 기계에 의존하고 싶지 않다."라면서 자신의 자유의지를 선택하는 사람들도 있다. 뇌파 기기로 집중력에 일시적인 도움을 받을 수는 있겠지만, 일과 공부에 계속 에너지를 쏟는 일은 결국 자신과의 싸움이 아닐까? 목표를 이루려는 의지와 노력, 그리고 무엇보다 그 일을 스스로 얼마나 좋아하고 가치 있게 여기는지가 더욱 중요하다.

많은 과학자들은 인지능력 향상에 가장 좋은 것이 다름 아닌 유산소운동이라고 말한다. 운동을 하면 뇌로 가는 혈류량이 증가해 전두엽에 자극을 주어 학습에 적합한 상태가 되고, 기억력 및 학습 능력을 담당하는 해마의 기능이 발달한다는 것이다. 2019년 미국 컬럼비아대학교 연구 팀은 24주 동안 유산소운동을 한 그룹에서 전두엽 피질 두께가 현저하게 증가했으며, 추론 능력과 문제 해결 능력도 크게 향상되었다고 밝혔다. 운동은 스트레스와 불안감, 우울증 해소에도 도움이 되는데, 이러한 것들은 앞에서 언급했듯이 해마를 위축시키는 요인이므로 운동을 하면 해마의 기능 향상에도 긍정적인 영향을 주게 된다. 그러므로 시험을 앞둔 수험생이라고 해서 줄곧 책상 앞에만 앉아 있는 것은 좋은 전략이 아니다. 오히려 운동을 적당히 하면 스트레스가 해소되어 기억력과 집중력 향상에 도움이 되고, 이는 곧 학습 효과를 높여 줄 것이다.

● 판도라의 상자를 열기 전에 기억해야 할 것들

신경과학 지식이 우리의 뇌를 개조하고 우리의 능력을 바꿔 줄수 있다고 말하는 신경과학자들이 있다. 어떤 면에서는 타당한 말이다. 우리는 신경과학 연구 성과를 통해 뇌가 어떻게 작동하는지많이 알게 되었고, 더 많은 연구를 통해 두뇌 능력을 발전시키는방향으로 나아갈 수 있을 것이다.

신경과학 연구는 사람의 뇌가 어린 시절뿐 아니라 성인이 되어서도 끊임없이 변화한다는 것을 알려 주었다. 계속 배우고 경험한

다면 이와 관련된 두뇌 영역도 계속 확장되고 변화할 수 있다. 이를 신경과학자들은 '뇌 가소성'이라고 부른다. 가소성이란 외부의 힘과 열에 쉽게 모양이 변하는 성질을 말한다. 수많은 신경세포가 그물처럼 연결된 뇌 속의 신경망도 다양한 자극에 강화되거나 약해진다. 잦은 반복과 연습, 꾸준히 노력해서 만든 좋은 습관은 뉴런을 연결하고 시냅스를 강화해 그 일을 능숙하게 할 수 있도록 만들어 준다. 반대로, 이미 만들어진 시냅스라도 자주 사용하지 않으면 약화되어 버린다.

새로운 경험이나 도전은 새로운 신경세포와 새로운 연결망을

🔴 쥐의 뇌에 형광 단백질을 주입해 두뇌 활동을 보는 '브레인보우'.

만들어 내, 뇌의 구조를 변화시킬 수 있다. 그런 의미에서 어제의 나와 오늘의 나는 다르며, 나는 계속 변화하는 존재이다. 나를 어떤 방향으로 변화시킬 것인가? 그건 나의 결정에 달려 있다. 이렇게 신경과학 지식은 우리가 변화할 수 있다는 것과 노력해야 한다는 사실을 가르쳐 준다.

그러나 노력만으로 모든 것을 바꿀 수는 없다. 타고난 부분이나 신체적·환경적 제약이 있을 수 있고, 특히 사회적인 문제는 개인의 뇌에만 초점을 맞춰서는 해결할 수 없다. 현이의 이야기로 돌아가 보자.

현이는 집중력 게임을 성공적으로 마치고 집에 돌아갔지만, 일터에서 늦게 귀가하는 부모님 대신 어린 동생을 돌봐야 했다. 다음 날 아침, 현이는 새벽부터 일하러 나간 엄마 대신 동생을 씻기고 옷 입혀 어린이집에 보내느라 아침밥도 챙겨 먹지 못하고 학교에 갔다. 정신없이 등교하느라 정작 자신의 숙제와 준비물은 챙기지 못한 현이는 선생님께 주의를 들었다. 친구들 앞이라 더 창피하고 풀이 죽은 현이는 선생님의 수업 내용이 귀에 들어오지 않았다.

현이는 다음 주 월요일이면 도서관 공부방에서 하는 집중력 게임을 여전히 열심히 하겠지만, 현이의 학업 성취도가 오르는 것은 생각처럼 쉽지 않을 것이다. 부모의 학력 수준이나 소득에 따라 자녀의 학력 격차가 벌어지는 교육 불평등 문제가 '아이들 스스로 뇌를 잘 사용하게 교육하는 것'으로 해결되기는 어렵기 때문이다.

신경과학은 오늘날 가장 관심이 높은 과학 분야 중 하나로, 생명과학 연구의 '마지막 판도라 상자'라고도 부른다. 그것은 아직 밝혀내지 못한 중요한 문제들이 많은 데다 과학자들이 도전해 볼 만한 주제도 많다는 뜻일 것이다. 신경과학은 고령화사회에서 점점 증가하는 치매나 파킨슨병 같은 뇌 질환을 진단하고 치료하는 의료 분야나, 뇌 기반 인공지능이나 BCI 기술 개발과 같은 4차 산업과 미래 산업에서 핵심적인 역할을 하고 있다.

이런 연구들은 사람들의 삶을 더 건강하게, 더 편리하게 만드는 데 기여할 것이다. 그리고 그 연구 성과는 사회 전체 구성원들의 삶의 질을 향상시키는 방향으로 쓰여야 한다. 신경과학 기술이 실현되었을 때 그 기술에 대한 접근 가능성이 경제적 능력에 따라 결정되어서도 안 된다. 현재 많은 기초연구가 공적 자금으로 이루어지고 있기 때문이다. 또 뇌에 대한 연구를 지나치게 개인의 뇌에 집중해 사회가 함께 풀어 가야 할 문제를 개인의 책임으로 돌리지 않도록 주의를 기울여야 할 것이다.

10
신약 개발

질주하는 생명 연장의 꿈에
브레이크를 밟자

다시 걸을 수 있다고 기뻐했는데, 내가 실험 대상이었다니!

"주사 한 번이면 2년 동안 걱정 없습니다!"

가뭄에 단비 같은 소식이었다. 할아버지는 무릎 골관절염으로 5년이나 고생했다. 무릎 연골이 닳아 제 기능을 못해 관절에서 두 뼈의 끝이 만나 자꾸만 부딪힌다고 했다. 그 충격 때문에 염증이 생겼고, 처음에는 시큰거리는 정도였는데 시간이 지날수록 통증이 심해졌다. 나이 때문인지, 유전적인 이유인지, 운동 부족인지 정확한 원인은 알 수 없지만, 할아버지는 무릎이 정말 아팠다. 진통 소염제도 소용없이 송곳으로 찌르는 듯한 통증이 계속됐다. 무릎에 물이 차서 자주 부어올랐다. 처음에는 계단을 오르내릴 때만 통증이 있었는데 평지를 걷는 것도 힘들어졌다. 할아버지는 점점 우울해졌다.

가족들은 인공관절 수술을 알아봤지만, 반영구적일 줄 알았던 인공관절의 수명이 15년 정도밖에 되지 않는다고 했다. 너무 빨리 수술을 받으면 여든 살이 넘어서 재수술을 해야 한다니, 그런 모험을 할 수는 없었다. 줄기세포를 관절의 연골조직에 주사한다는 시술에 귀가 솔깃하기도 했다. 하지만 아직 연구 단계라니 찜찜했다. 방법은 없고, 무릎은 계속 아팠다. 그러던 차에 '인보사 케이'라는 신약 소식을 들었다. 오랫동안 개발해 온 '유전자치료제'라고 했다. 임상 시험으로 검증됐고, 정부에서도 허가해 준 약이라고 해서 안심이 되었다. 비쌌지만 약효가 있었다. 통증도 줄고 일상적인 활동에도 불편이 없어 가족 모두가 기뻐했다. 그러나 기쁨은 오래 가지 못했다. 갑작스레 신약 허가가 취소되었기 때문이다.

약의 성분에 문제가 있어 어쩌면 암에 걸릴지도 모른다고 했다. '꿈의 신약, 불명예 퇴장'이라는 뉴스가 연일 보도되었다. 불안했다. 불안함에 더해 할아버지가 사기를 당한 것 같고 실험 대상이 된 것 같아 화가 났다. 식품의약품안전처에서 연락이 왔다. 혹시 부작용이 발생할지 모르니 장기 추적을 위해 개인 정보를 등록하라고 했다. 이제 와서 개인 정보까지 내놓으라니, 더욱 화가 났지만 일단 등록해야만 했다. 할아버지에게 문제가 생기면 누구에게 책임을 물어야 할까? 우리 가족의 고통을 책임져 줄 누군가가 있기는 한 걸까?

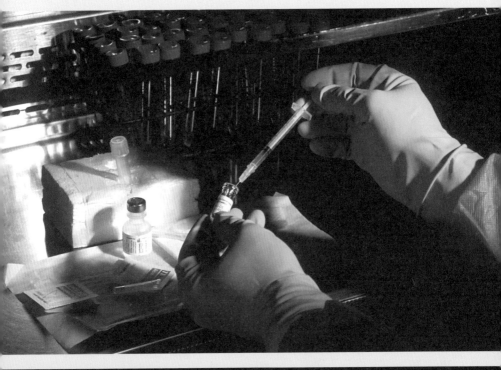
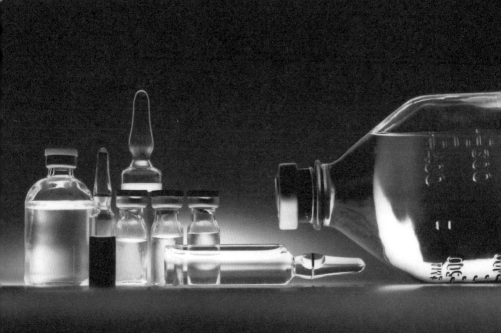

'꿈의 신약'이라고 불리던 인보사 케이에 붙은 '국내 최초의 유전자치료제', '세계 최초의 무릎 골관절염 유전자치료제'라는 수식어는 과장이 아니었다. 약이 허가될 때까지 미국과 유럽연합에서 허가된 유전자치료제는 네 가지뿐이었다. 이름만 화려한 게 아니었다. 임상 시험 결과도 좋았다. 수술도 필요 없고, 한 번만 맞으면 통증이 감소하고 증상이 완화되는 데다 약효가 2년이나 갔다. 우리나라가 최첨단 신약 개발에 성공했다는 사실은 모두를 기쁘게 했고, 약을 만든 회사의 주식도 크게 올랐다. 환자들이 줄을 이어 3700명이 넘는 환자들이 신약 주사를 맞았다. 그러나 얼마 못가 임상 시험 중에 제출된 자료와 실제 약의 성분이 다르다는 의견이 나왔다. 긴급 조사에 들어간 식품의약품안전처는 혹시 모를 위험성 때문에 약의 제조 및 판매를 중단시키고, 곧 허가 자체를 취소했다. 그나마 아직까지는 큰 부작용이나 약의 안전성을 의심할 만한 상황이 없다는 점은 매우 다행이었다. 약을 투여한 환자들 전부를 15년간 추적하며 발생할 수 있는 부작용을 확인하고 부작용이 발생하면 최대한 책임지겠다고 약속했지만, 이 약을 투여받은 사람들의 불안과 분노는 쉽게 수그러들지 못했다.

인보사 케이는 1998년부터 개발을 시작했으니, 무려 20여 년이나 걸려서 하나의 새로운 약이 탄생한 거였다. 이토록 오랫동안 시간과 노력을 들였는데 결과가 물거품이라니, 도대체 약이란 무엇이길래 개발하는 게 이렇게 어려울까?

🌑 바이오 기술의 승리라고? 신약이 뭐길래

두통약, 소화제, 영양제, 감기약, 주사약……, 우리는 손만 뻗으면 너무나 쉽게 약을 구할 수 있다. 그래서 약이 얼마나 소중한지, 약 하나를 개발하는 게 얼마나 힘든 일인지 생각해 볼 기회가 없었는지도 모른다.

약은 크게 합성 의약품과 바이오 의약품으로 나뉜다. 우리가 흔히 접하는 아스피린이나 타이레놀 같은 알약 대부분은 합성 의약품으로, 화학반응을 통해 얻어 낸 약들이다. 아스피린의 역사를 살짝 들여다보자. 버드나무 껍질이 진통 효과가 있다는 것은 수천 년 전부터 인류에게 널리 알려진 민간요법이었다. '의학의 아버지'라고 불리는 히포크라테스도 버드나무 껍질을 이용해 통증을 치료했다고 알려져 있고, 이순신 장군이 무과 시험을 보다 말에서 떨어져 발목을 다쳤을 때 버드나무 껍질로 상처를 싸맨 뒤 끝까지 시험을 치렀다는 일화도 전해진다.

과학이 발달하면서 버드나무 껍질의 효과가 그 속에 들어 있는 살리실산 성분 덕분이라는 게 밝혀졌다. 하지만 살리실산은 맛이 쓰고 위장 출혈을 일으켜 복통이 나타날 수 있다는 단점이 있었다. 그러다 1897년, 드디어 살리실산에 아세틸을 첨가해 약의 단점을 보완한 해열진통제 '아스피린'이 탄생했다. 공장에서 대량 생산해 누구나 싼값에 손쉽게 약을 구할 수 있는 시대가 열린 것이다.

다양한 약이 개발되면서 바이오 의약품도 등장했다. 바이오 의약품은 합성 의약품과 다르다. 바이오 의약품은 사람이나 다른 생물체에서 유래된 것을 원료 또는 재료로 하여 제조한 의약품을 말하는데, 혈액 성분이나 세포, 유전자를 이용해 만드는 약이니만큼 최첨단 생명공학 기술이 필요하다. 예를 들어 당뇨병 치료제 인슐린은 동물의 이자췌장에서 분비되는 호르몬으로, 예전에는 소와 돼지의 이자를 이용해 만들었다. 하지만 동물의 췌장에서 호르몬을 채취하고 정제하는 과정이 너무나 까다로운 데다 사람의 인슐린도 아니라서 효과가 좋은 약을 충분히 만들어 낼 수 없었다. 그러던 중 생명공학의 발달로 1982년에서야 유전자재조합 기술을 이용해 제대로 된 약을 만들 수 있게 되었다.

인슐린은 어떻게 만들어질까? 먼저 사람의 이자 세포에서 인슐린을 생산하는 유전자를 찾아 대장균의 DNA에 끼워 넣는다. 과학자들이 유전자를 자르고 붙일 수 있는 효소를 찾아낸 덕분에 가능한 일이었다. 대장균은 배양이 쉽고 증식속도가 빨라서 끼워 넣은 인슐린 유전자도 빠르게 복제된다. 대장균은 증식과 동시에 인슐린 유전자의 정보대로 인슐린을 만들어 낸다. 남은 일은 대장균에서 인슐린을 분리한 뒤 정제해 약으로 쓰는 것이다. 이처럼 세포의 DNA에 기존에 없던 다른 유전자를 집어넣어 변화를 일으키는 걸 형질전환이라고 부른다.

인보사 케이는 바이오 의약품이고, 그중에서도 유전자치료제이

[유전자재조합 과정]

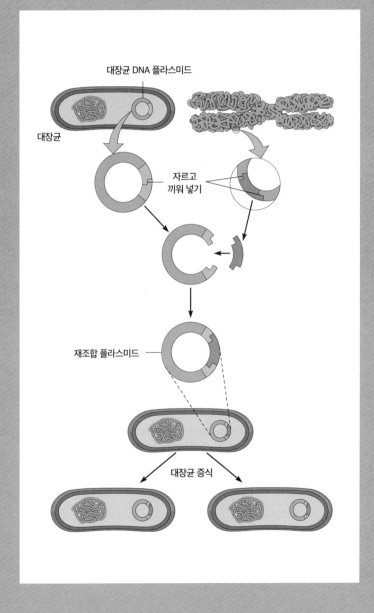

대장균 DNA 플라스미드

대장균

자르고
끼워 넣기

재조합 플라스미드

대장균 증식

다. 유전자치료제란 유전자가 들어 있는 치료제라는 말일까? 약에 유전자가 들어 있다는 것은 무슨 말일까? 영화 〈혹성탈출: 진화의 시작Rise of the Planet of the Apes, 2011년〉에도 유전자치료제가 등장한다. 알츠하이머병 치료제로 개발된 약에 유인원의 지능을 높이는 효과도 있었던 것이다. 영화에서는 세포의 형질전환을 위해 유전자를 전달하는 수단으로 바이러스를 이용한다. 바이러스가 감염 과정에서 자신의 유전자를 숙주의 유전자에 끼워 넣는 특징을 이용한 것이다. 인보사 케이도 마찬가지였다.

어떤 사람이 a라는 유전자의 영향으로 병을 앓고 있다고 가정해 보자. 그런데 a 유전자 대신 A 유전자가 있다면 증상을 없앨 수 있다. 치료를 위한 첫 번째 방법은 A 유전자를 몸속 세포에 넣어 주는 것이다. 이런 방법을 '체내 유전자치료'라고도 한다. 두 번째 방법은 처음부터 A 유전자를 갖도록 형질전환된 세포를 몸속에 넣어 주는 것이다. 주사약에 세포가 들어 있어 '세포 치료제'라고도 하고, 몸 밖에서 몸속에 유전자를 넣어 주므로 '체외 유전자치료제'라고도 한다. 이 방법은 형질전환된 세포를 몸속에 넣기 때문에 체내 유전자치료보다 유전체 변화의 변수는 적다. 물론 두 방법 모두 당연히 부작용이 나타날 위험이 커서, 치료제가 몸속에서 실제로 어떤 영향을 일으키는지 철저하게 검증해야 한다. 이처럼 따져 봐야 할 게 한두 가지가 아닌 의약품들이 어떤 과정을 거쳐 탄생하는지 좀 더 자세히 알아보자.

죽음의 계곡을 넘어야 신약이 탄생한다

과학과 의학이 눈부시게 발전했다고 하지만, 암과 치매 등과 같은 불치병, 난치병은 수없이 많다. 코로나바이러스감염증-19처럼 갑자기 새로운 질병이 순식간에 전 세계를 휩쓸면 치료제와 백신이 당장 절실하다. 그럴 때마다 뚝딱 약을 만들어 내면 좋겠지만, 불행히도 약은 그렇게 쉽게 만들어지지 않는다.

약은 '기초연구 → 신약 후보 물질 탐색 → 비임상 시험동물실험 → 3단계의 임상 시험사람 대상 실험 → 신약 신청 및 검토 → 허가 → 마지막 임상 시험'이라는 기나긴 과정을 거쳐 만들어진다. 기초연구란 말 그대로 생명공학과 의학의 모든 새로운 연구를 말한다. 해마다 노벨 생리·의학상을 받는 과학자들의 연구가 대표적이다. 기초연구가 없으면 신약도 없다. 그다음으로 특정한 병을 치료할 수있는 물질을 탐색하는 과정이 이어진다. 이 모든 과정에 평균 1조원이라는 어마어마한 비용과 15년이라는 긴 시간이 필요하다고한다. 그런데도 이 모든 과정을 거쳐 약으로 개발되어 판매가 이루어지기까지, 신약 개발의 성공률은 9.6퍼센트밖에 안 된다.

신약을 개발할 때 가장 중요한 과정은 사람을 대상으로 한 임상시험이다. 연구로 신약 후보 물질을 발굴하면 일단은 세포 실험과동물실험을 거친다. 이 과정에서 약이 몸속에서 어떤 작용을 일으키는지 확인하지만, 부작용이나 독성이 없는지도 확인한다. 그러나 약으로 허가를 받으려면 사람에게 적절한 효과가 있는지, 얼마나 안전한지 반드시 검증해야 한다.

사람을 대상으로 신약의 효과와 안전성을 검증하는 임상 시험은 크게 4단계로 나뉘어 이루어지는데, 각각을 1~4상이라고 부른다. 1상은 사람에게 투약해도 안전한지 평가하는 단계이다. 대체로 20~80명의 건강한 일반인의 지원을 받아 진행한다. 2상은 약효를 검증하는 단계로, 100~200명의 소규모 환자들을 대상으로 실시해 단기적인 부작용을 확인한다. 약을 어떻게 얼마나 먹어야 하는지 용법과 용량을 결정하는 단계이기도 하다.

3상은 수백 명에서 수천 명까지 대규모 환자들을 대상으로 실시하며, 2상에서 확인한 약효를 더욱 확실히 증명하기 위해 이루어진다. 효능, 효과, 용법, 용량, 사용상 주의 사항 등 우리가 흔히 보는 약의 설명서에 쓰여 있는 내용은 이 3상에서 결정된다. 3상이 끝나면 대부분 품목 허가가 이루어져 드디어 판매를 할 수 있게 된다. 우리가 신약에 대한 뉴스를 접하는 시기는 보통 3상 중인 경우가 많다. 4상은 판매가 이루어진 뒤에 장기적으로 약효와 안전성을 검증하는 단계이다. 보통 1상에 1~3년, 2상에 2~4년, 3상에 3~5년이 걸리는데 이 기간은 상황에 따라 다르다.

임상 시험에서 2상과 3상은 환자를 대상으로 하는데, 기존의 치료 경과에 희망이 없는 환자들이 신약 임상 시험에 지원하는 경우가 많다. 임상 시험을 진행하는 기관은 대개 대학 병원이다. 충분

한 환자 수와 시험 결과를 해석할 수 있는 전문 의료 인력과 시설을 갖추고 있어서이다. 신약 후보 물질을 찾아내는 곳은 주로 대학 연구실이나 바이오 벤처기업인 경우가 많다. 실제로 신약을 개발하려면 막대한 비용이 필요하므로 본격적인 개발은 큰 제약 회사들이 주도한다.

이때 임상 시험 기간은 얼마나 길어야 적당할까? 임상 시험 기간이 길어지면 길어질수록 개발 비용도 크게 늘어난다. 만약 임상 시험 기간이 길다면 약의 안전성에 대한 신뢰도가 높아지겠지만, 신약 개발의 문턱 자체가 높아질 수 있다. 또 개발 기간이 늘어나면 당장 중증 질환과 희귀 난치성 질환으로 고생하며 신약을 학

수고대하는 환자들의 고통도 길어진다. 그래서 임상 시험의 우선 순위를 약의 효과에 둘지, 안정성 검증에 둘지 선택하는 일은 매우 어렵고 또 중요한 문제이다.

무엇보다 임상 시험은 사람을 대상으로 하는 연구라서 국가에서 제대로 통제하지 않으면 안 된다. 우리나라에서는 여러 단계의 심사 위원회가 중요한 결정을 처리하고 국가기관인 식품의약품안전처가 시험 계획을 승인하고 있다. 하지만 이런 엄격한 절차에도 불구하고 인보사 케이에 문제가 생기고 말았던 것이다.

인보사 케이는 1상에서 3상을 마칠 때까지 10년이나 걸린 약이었다. 인보사 케이가 무릎 골관절염에 좋은 약이 되려면 최소한 두 가지 조건을 충족해야 했다. 첫째, 약효가 좋아야 한다. 무릎 골관절염은 많은 이들이 만성적인 통증으로 육체적·정신적 고통을 호소하는 질병이다. 임상 시험에서 인보사 케이는 무릎 통증을 완화하고 골관절염 증상을 호전시키며 만족할 만한 결과를 나타냈다.

둘째, 약이 몸에 다른 악영향을 끼쳐서는 안 된다. 골관절염 치료제 인보사 케이는 1액과 2액, 두 종류의 약으로 구성되었다. 1액에는 인간의 연골 세포가, 2액에는 형질전환된 연골 세포가 들어 있어서 둘을 섞어 주사하는 방식이었다. 그런데 임상 시험 중에 2액에 들어간 세포가 인간의 연골 세포가 아니라 신장 세포라는 게 밝혀졌다. 어떻게 이토록 당황스러운 일이 일어났을까? 심의를 통과한 약의 성분이 바뀐 것도 문제이지만, 그 신장 세포가 변형된 인간 세포라는 점도 큰 문제였다.

약의 운명을 결정하는 건 합리적 의심과 과학적 증거

의학 연구는 결국 인간 세포를 대상으로 하기에 실험실에서 키울 수 있는 인간 세포가 필요하다. 우리 몸의 세포는 몸 밖에서는 생존이 어렵다. 몸에서 분리한 뒤에 실험실에서 잘 배양해도 몇 번 분열하고 나면 생존력이 떨어진다. 그래서 연구용 또는 산업용으로 키울 수 있는 인간 세포를 개발하는데, 이를 '세포주'라고 한다. 충분히 배양할 수 있도록 변형된 세포는 생존력도 좋고 거의 무한대로 증식이 가능하다. 우리 몸속에도 이와 비슷한 세포가 있다. 바로 암세포이다. 세포주는 암세포는 아니지만, 암세포에 가까운 상태이다. 바로 이 점이 사람 몸에 들어가서 암을 일으킬 가능성이 높다고 그 위험도를 추측하는 이유이다.

인보사 케이에 들어간 세포주는 인간 태아의 신장에서 분리해 낸 세포의 자손들로 만든 것이었다. 유전자를 운반해 줄 바이러스를 증식하려고 사용한 세포주로, 본래는 정제하고 폐기했어야 할 세포주였다. 도대체 어떤 과정을 거쳐 그 세포가 2액에 들어갔을까? 어쩌면 연구원이 신장 세포를 연골 세포로 착각해 형질전환한 것이 임상 시험 시제품이 되었을 수 있다. 전체 과정을 놓고 보면 너무 어이없는 실수이지만, 또 사람의 손을 거치는 일이기에 일어날 수 있는 일이기도 하다. 실수는 기록의 중요성을 큰 교훈으로 남길 것이다.

하지만 연구원의 실수보다는 공정상의 오류일 가능성이 더 크다. 바이러스를 정제하는 과정에서 미처 분리되지 않은 신장 세포가 섞여 들어갔을 수 있다. 원심 분리를 하면 무거운 세포들은 가라앉지만, 일부 세포가 떠서 배양액에 포함될 수 있다. 신장 세포가 섞여 들어간 배양액은 처음엔 여전히 연골 세포가 높은 비율을 차지하고 있었겠지만, 신장 세포가 생존력이 좋고 분열 속도가 빠르기 때문에 나중에는 2액을 구성하는 형질전환된 세포 중에 신장 세포가 차지하는 비율이 점점 높아져 결국 연골 세포는 거의 없어졌을 것으로 추측해 볼 수 있다. 현재는 이러한 맥락에서 임상 시험 초기부터 신장 세포가 포함된 2액을 사용했을 가능성이 매우 크다. 즉, 임상 시험과 허가, 투약이 이뤄지는 동안 세포가 바뀌었다기보다는 세포가 바뀐 것을 모르고 계속 사용해 왔을 것이다.

사실 세포는 너무 작아서 맨눈으로는 식별이 불가능하고, 현미경으로 구분하는 것조차 매우 어렵다. 그래서 정확한 실험을 위해서는 너무나 기본적인 일이지만 시험관에 붙이는 이름표와 각 시험관의 이력에 대한 기록이 매우 중요하다. 또 철저한 기록과 함께 각 단계마다 실험 재료를 과학적으로 확인하는 과정도 꼭 필요하다. 시험관에 붙은 이름표만 무작정 신뢰한다면, 시험관 안에서 이

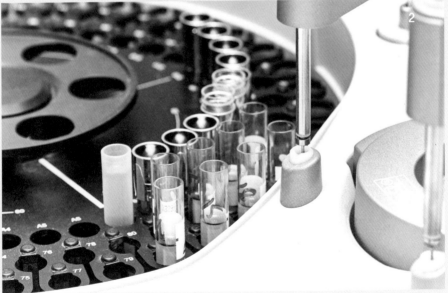

● 1. 원심분리기에 시험관을 넣기 전 준비하는 과정.
● 2. 초고속 대용량 원심분리기.

름표에 적힌 것과 다른 일이 진행되고 있어도 모를 수 있기 때문이다. 눈에 보이지 않는 미세한 물질을 다루는 작업에서 단계별로 내용물을 확인하고, 이를 근거로 이름표를 붙이고, 과정마다 이름표를 확인하는 것은 연구에서도, 생명과학 제품 관리에서도 가장 기본적인 일에 속한다. 단계마다 꼼꼼히 확인하고 기록해야지만 내용물을 확신할 수 있고, 나중에 문제가 생겼을 때 어느 단계에서 발생한 문제인지 확인할 수 있기 때문이다.

인보사 케이를 개발할 때도 최소한 임상 시험에 들어가기에 앞서 세포를 확인하는 과정이 정확하게 수반되었어야 했다. 미국의 임상 시험 기관은 이를 3상 시험 단계에서 실행했고, 그만큼 인보사 케이의 문제가 뒤늦게 밝혀진 것이다. 물론 임상 시험이 시작되고 허가를 받기까지 10년이 넘는 시간이 흘렀고, 10년이면 세포를 분석하는 기술의 정확도 또한 엄청나게 달라졌을 것이다. 식품의약품안전처는 신약의 허가 과정에서 이러한 점을 감안한 합리적 의심과 과학적 증거를 요구했어야 했는데, 그러지 못했다. 확인하고 검증할 기회가 있었고, 확인과 교정을 거쳤더라면 지금과 같은 상황까지는 오지 않았을 것이다. 많은 비용과 시간을 들여 신약을 개발한 제약사와 연구진의 좌절과 이어질 법정 공방 등의 상황도 안타깝지만, 무엇보다 불안한 마음으로 남은 세월을 보내야 할 환자들을 생각하면 아쉬움을 넘어 너무나 안타까운 일이 아닐 수 없다.

생명 연장의 꿈은 '안전'하게 이루어져야 한다

약은 개발에 오랜 시간이 걸리는 만큼 특허 기간도 길어서 20년 이나 된다. 특허 기간에는 신약을 개발한 제약사가 약의 제조 및 판매를 독점한다. 특허 기간이 종료되면 다른 제약사들은 복제약을 만들어 판매할 수 있다. 합성 의약품은 원조 약물과 복제 약물이 차이가 없다. 구조가 간단하고 같은 화학반응 공식을 적용하면 똑같은 물질이 만들어지기 때문에 같은 물질인 것이 확실하다. 합성 의약품 복제 약물이 원조 약물보다 싸게 공급될 수 있는 이유이다. "싼 게 비지떡"이라지만, 복제 약물은 비지떡이 아니다. 오히려 독점이 끝난 뒤 경쟁을 통해 더 합리적인 가격이 형성된다고 볼 수 있다.

바이오 의약품의 경우는 조금 다르다. 원조 약물과 똑같은 방법을 쓰기도 어렵지만, 쓴다고 해도 그때와 다른 환경 조건이 영향을 주기 때문에 복제 약물과 원조 약물은 기본적으로 다른 물질이다. 인슐린을 예로 들면 인슐린을 합성하도록 세포를 형질전환한 뒤 그 세포가 만들어 내는 인슐린을 계속 얻어 내면 된다. 그런데 어떤 세포주를 쓰느냐, 환경 조건이 어떠냐에 따라 인슐린의 질이 달라진다. 마치 우유를 얻으려고 젖소를 키우는데 어떤 품종의 젖소인지, 같은 품종이라도 사육 환경이 어떤지에 따라 우유의 질이 달라지는 것과 같다. 심지어 같은 젖소에게 얻은 것이라도 어제의 우유와 오늘의 우유는 다르다. 그래서 바이오 의약품은 그날그날의 생산 환경을 관리하는 것이 매우 중요하고, 생산 환경까지도 약의 상품성에 포함된다.

그러다 보니 바이오 의약품의 복제 약물은 신약 개발 수준으로 임상 시험을 거쳐야 해서 합성 의약품만큼 가격이 떨어지기를 기대하기는 어렵다. 합성 의약품도 개발이나 생산이 쉬운 것은 아니지만, 바이오 의약품은 개발도 품질 유지도 어렵고, 복제마저 힘들어 손해 볼 위험이 크다. 그럼에도 바이오 의약품의 비중은 계속해서 증가하고 있다. 많이 팔린 100대 의약품으로 범위를 좁히면 2018년에는 바이오 의약품의 비중이 50퍼센트를 넘어섰다. 바이오 의약품은 진통제나 소화제처럼 일반적인 증상에 효과가 있는 약과 달리, 암이나 당뇨병, 혈우병처럼 특정한 병을 치료하는 데 매우 효과적이기 때문이다. 또 백신이나 호르몬 등 꼭 필요한 약물들도 바이오 의약품이라서 개발에 성공하면 높은 이익과 부가가치가 보장된다. 이런 이유로 우리나라도 국가 차원에서 전략적으로 신약 개발 사업을 장려하고, 많은 투자를 하고 있다.

바이오 의약품 시장이 커진 이유는 경제적 가치도 중요하지만, 바탕에 깔린 생명 연장의 꿈 덕분이다. 물론 아직도 지구의 어느 곳에서는 절박하게 생존을 지키고 있고, 그들에게 삶의 질은 두 번째 문제이다. 그러나 점점 더 많은 사람이 생명 연장의 꿈을 꾼다. 누구나 되도록 건강하게 오래 살고 싶어 하고, 그런 마음은 질병을 앓고 있는 환자들이라고 예외일 수는 없다. 특히 치료제가 마땅치 않은 중증 질환이나 희귀 난치성 질환이 있는 환자들은 육체적 고통과 함께 심리적 고통까지 겪는다. 그 고통은 겪어 보지 않고는 함부로 말할 수 없다. 그러므로 신약 개발은 건강한 사람이든 아픈 사람이든 모두에게 꼭 필요한 일이다.

하지만 필요성과 당위성에 가려져 우리가 놓치는 것은 없을까? 어느 부분에선가 존재했던 빈틈 때문에 결과적으로 이미 허가되어 판매되던 신약의 허가가 취소되었다. 엄청난 개발 비용과 시간을 무용지물로 만들고 수천 명의 환자들을 불안에 떨게 만든 인보사 케이의 사례와 같은 일이 또 일어나지 말라는 법은 없다. 물론 소를 잃으면 당연히 외양간은 고치게 된다. 다시 국내 최초가 될 다음 유전자치료제는 더욱 세심하게 검토될 것이다. 인보사 케이의 허가 취소 이후 식품의약품안전처는 중앙약사심의원회의 공정성과 투명성을 높이기 위해 관련 규정을 개정했다. 그리고 국회는 약사법을 개정해 허위 자료 제출 등 거짓이나 부정한 방법으로 허가를 받은 경우, 허가가 취소됨은 물론 5년 이하의 징역 또는 5000만 원 이하의 벌금형에 처하도록 했다.

가솔린 등을 연료로 달리는 내연기관 자동차는 엔진의 힘으로 움직이고, 전기 자동차는 모터의 힘으로 움직인다. 속도를 높이는 데에는 액셀러레이터가, 속도를 줄이고 멈추는 데에는 브레이크가 필요하다. 신약 개발을 자동차라고 할 때, 우리는 엔진과 모터

도 있고 액셀러레이터도 열심히 밟고 있다. 그런데 우리에게 과연 적절한 브레이크가 있는지, 또 그 브레이크는 잘 작동하는지 생각해 보아야 한다. 인보사 케이를 개발할 당시 우리에겐 '생물 의약품 생산에 사용되는 세포 기질 관리 가이드라인'이라는 것이 있었고, 그 가이드라인에 따라 세포주를 분석하고 관리할 기술적 방법도 있었다. 브레이크가 있었는데도 제대로 작동하지 못한 것이다.

　사회적 필요와 과학의 발달에 힘입어 기술이 제도를 앞서가기 일쑤이다. 때로 제도가 기술의 발목을 잡는다는 하소연을 듣기도 한다. 신약을 만들 때 개발의 필요성과 당위성, 개발할 수 있는 기술의 여부에 더해 우리 사회가 그 기술을 얼마나 통제할 수 있는

지, 제도가 안전성을 얼마나 담보할 수 있는지 반드시 따져 봐야
한다.

약만큼 인류의 삶을 크게 변화시킨 게 있을까? 약이 없었다면
인류의 평균수명이 늘어나기는커녕 아직도 수많은 질병의 공포에
서 벗어나지 못했을 것이다. 수많은 사람들의 연구와 노력으로 약
은 점점 더 좋아지고 있고, 새롭게 개발되고 있다. 약을 만드는 사
람들은 그 약이 누군가의 생명을 구하고 고통을 덜어 주리라는 믿
음으로 길고 힘든 연구 과정을 버텨 낸다. 신약 개발이라는 자동차
의 브레이크와 액셀러레이터를 정비해 잘 작동하도록 관심과 노
력을 기울인다면, 생명 연장의 꿈이 누구에게나 안전하게 보장되
는 사회를 만들 수 있을 것이다.

● 기후 변화로 물에 잠겨 가는 투발루섬의 물놀이하는 아이들.

이미지 출처

7쪽	Ⓝ NASA, 언스플래쉬 Ⓒ YODA Adaman
28쪽	Blue Action, Ⓒ Steffen M. Olsen
38~39쪽	Ⓝ CDC
48쪽	뉴시스, 국가기록원
74쪽	뉴시스
84쪽	다큐멘터리 영화 〈어느 날 그 길에서〉 스틸 컷, 황윤, 2006년
89쪽	⊖PEN 국립생물자원관 Ⓒ 최태영
93쪽	한국일보
100쪽	⊖PEN 국립생태원, 광양만녹색연합, 다큐멘터리 영화 〈어느 날 그 길에서〉
	최태영 제공 스틸 컷
104쪽	언스플래쉬 Ⓒ Matthew
111쪽	데비앙아트 Ⓒ luisemaxeiner
117쪽	플리커 Ⓒ Franie Treetops
139쪽	ⓒⓒ 위키미디어 The Hornet magazine(1871년), John Murray 〈The Voyage of the Beagle〉(1900년)
140쪽	ⓒⓒ 위키미디어 Meyers Großes Konversations-Lexikon, 1909년
157쪽	Ⓝ NASA
164쪽	Ⓝ NASA
174쪽	Ⓝ NOAA
182쪽	한국일보
202쪽	Ⓝ USMC
217쪽	언스플래쉬 Ⓒ Alina Grubnyak
	언스플래쉬 Ⓒ Vlad Tchompalov
220쪽	플리커 Ⓒ Ars Electronis
226쪽	ⓒⓒ 위키미디어 Jeff W. Lichtman and Joshua R. Sanes
235쪽	Ⓝ CDC
247쪽	Ⓝ CDC
252쪽	언스플래쉬 Ⓒ insungyoon